不一样的 数学故事书

顾问 义务教育数学课程标准修订组组长
北京师范大学 一鸣

奇妙数学之旅

精灵王国旅行记

五年级适用

主编：孙敬彬 禹 芳 王 岚

华 语 教 学 出 版 社

图书在版编目（CIP）数据

奇妙数学之旅．精灵王国旅行记 / 孙敬彬，禹芳，王岚主编．— 北京：华语教学出版社，2024.9
（不一样的数学故事书）
ISBN 978-7-5138-2534-4

Ⅰ．①奇… Ⅱ．①孙… ②禹… ③王… Ⅲ．①数学—少儿读物
Ⅳ．① 01-49

中国国家版本馆 CIP 数据核字（2023）第 257642 号

奇妙数学之旅·精灵王国旅行记

出 版 人　王君校
主　　编　孙敬彬　禹　芳　王　岚
责任编辑　徐　林　王　丽
封面设计　曼曼工作室
插　　图　枫芸文化
排版制作　北京名人时代文化传媒中心
出　　版　华语教学出版社
社　　址　北京西城区百万庄大街 24 号
邮政编码　100037
电　　话　（010）68995871
传　　真　（010）68326333
网　　址　www.sinolingua.com.cn
电子信箱　fxb@sinolingua.com.cn
印　　刷　河北鑫玉鸿程印刷有限公司
经　　销　全国新华书店
开　　本　16 开（710 × 1000）
字　　数　99（千）　　8.25 印张
版　　次　2024 年 9 月第 1 版第 1 次印刷
标准书号　ISBN 978-7-5138-2534-4
定　　价　30.00 元

《奇妙数学之旅》编委会

写给孩子的话

学好数学对于学生而言有多方面的重要意义。数学学习是中小学生学生生活、成长过程中的一个重要组成部分。可能对很多人来说，学习数学最主要的动力是希望在中考时有一个好的数学成绩，从而考入重点高中，进而考上理想的大学，最终实现“知识改变命运”的目的。因此为了提高考试成绩的“应试教育”大行其道。数学无用、无趣，甚至被视为升学道路上“拦路虎”的恶名也就在一定范围、某种程度上产生了。

但社会上同样也广为认同数学对发展思维、提升解决问题的能力具有不可替代的作用，是科学、技术、工程、经济、日常生活等领域必不可少的工具。因此，无论是为了升学还是职业发展，学好数学都是一个明智的选择。但要真正实现学好数学这一目标，并不是一件很容易做到的事情。如果一个人对数学不感兴趣，甚至讨厌数学，自然就不会认识到学习数学的好处或价值，以致对数学学习产生负面情绪。适合儿童数学学习心理特点的学习资源的匮乏，在很大程度上是造成上述现象的根源。

为了改变这种情况，可以采取多种措施。《奇妙数学之旅》

这套书从儿童数学学习的心理特点出发，选取小精灵、巫婆、小动物等陪同小朋友一起学数学。通过讲故事的形式，让小朋友在轻松愉快的童话世界中，去理解数学知识，学会数学思考并尝试解决数学问题。在阅读与思考中提高学习数学的兴趣，不知不觉地体验到数学的有趣，轻松愉快地学数学，减少对数学的恐惧和焦虑，从而更加积极主动地学习数学。喜欢听童话故事，是儿童的天性。这套书将数学知识故事化，将数学概念和问题嵌入故事情境中，以此来增强学习的趣味性和实用性，激发小朋友的好奇心和想象力，使他们对数学产生兴趣。当孩子们对故事中的情节感兴趣时，也就愿意去了解和解决故事中的数学问题，进而将抽象的数学概念与自己的日常生活经验联系起来，甚至可以了解到数学是如何在现实世界中产生和应用的。

大中小学数学国家教材建设重点研究基地主任

北京师范大学数学科学学院二级教授

人物名片

榛子壳小学五年级的学生，最烦恼的是自己的数学成绩不好，梦想能遇见魔法小精灵帮助他学好数学。

精灵王国的低阶精灵，在帮助谷雨完成一系列挑战后，成长为高阶精灵，将来会继承精灵王国的女王之位。

误闯精灵王国的小动物，成了精灵商店的看护者，在谷雨的帮助下最终回到了人类世界。

精灵王国最高级别的精灵，拥有最高魔法，她有一个未解之谜，正在寻找能解开它的人。

CONTENTS 

目录

魔法小精灵来啦

在一个平平无奇的周末，爸爸妈妈带着妹妹去体检了，只留下谷雨一个人无助地面对着数学练习册发呆。

唉，说起妹妹小雪，谷雨就有点儿沮丧。妹妹小雪刚刚 5 岁，就已经表现出了不一般的数学天赋：算 100 以内的加减法不在话下，算“24 点”速度极快，而且准确率非常高，就连爸爸妈妈也经常是她的手下败将。而谷雨却是班里的数学“困难户”，数学成绩一塌糊涂，每次上数学课对于谷雨来说，都像是一场噩梦。

“不公平！不公平！老天对我太不公平了！”谷雨看着桌子上的数学练习册抓耳挠腮。忽然，他想到了童话故事中的魔法小精灵。虽然他不相信世界上真的有魔法小精灵，但这糟糕透顶的数学成绩，他实在无能为力，只能死马当活马医，默默在心里祈祷：“魔法小精灵，请快快现身，帮帮我吧！”

魔法小精灵没有出现。谷雨叹了口气，盯着练习册上那些既熟悉又陌生的数学题，不一会儿就进入了梦乡。

“谷雨，谷雨！”

迷迷糊糊中，谷雨听见一个细细的声音在叫自己。他睁开眼睛，蒙眬中看见一个小精灵正振动着翅膀悬停在他眼前，叫着他的名字。

魔法小精灵？不不，这一定是梦！

谷雨闭上眼睛再睁开，又不敢相信似的揉了揉。哇，真的是一个小精灵！她长着一对尖尖的耳朵，一个高高的鼻子，还有一头金黄色的头发，背后有一对金色的翅膀，在阳光下闪闪发光。

看见谷雨怔怔地看着自己，小家伙主动和他打起了招呼："谷雨，你好，我是魔法小精灵。我听到了你的祈祷，所以专程来帮你。"

"哇，这也太酷了！我竟然梦想成真了！"谷雨简直难以置信，激动地说，"你可以帮我提高数学成绩吗？我要变成数学之王，让我们大张老师吓一跳！"

魔法小精灵拍了拍胸脯说："没问题，包在我身上！

我们精灵王国就是一个有趣的数学王国，你去旅行一圈儿回来，数学成绩肯定能提高很多。”

“我还从来没去过精灵的世界呢，想想就很好玩儿。不过，我爸妈不让我跟陌生人走，也不能独自出门太久。”谷雨有些犹豫。

魔法小精灵看出了他的顾虑，又说道：“放心吧，精灵王国的时间计算方式和你们这里不一样，你在精灵王国生活几个月，实际上这里只过去几个小时而已。等你回来的时候，估计你爸爸妈妈还没回来呢。”

“你的意思是说，等我爸爸妈妈带着妹妹体检回来，就可以收获一个数学特别好的儿子了？”谷雨眼睛一亮。

魔法小精灵点点头：“可以这样理解。”

“嘿，这也太棒了！那我们乘坐什么交通工具？飞机还是火车？”谷雨充满了期待。

“我可是魔法小精灵啊，怎么会用那么普通的交通工具呢？”说着，魔法小精灵吹了一口气，屋里立刻刮起一阵飓风，形成一个巨大的旋涡，把谷雨卷了进去。谷雨吓得大喊道：“千万不要脸着地啊！”

就这样，谷雨的精灵王国之旅开始了。他会有什么有趣的经历呢？让我们拭目以待吧！

小朋友们，在现实生活中，如果你一个人在家，千万不可以跟着陌生人离开哦！

第一章

精灵国之门
——三角形边的秘密

在旋涡里旋转的谷雨，就像被人丢进了滚筒洗衣机，不停地转啊转啊，耳边还有轰隆隆的声音。过了一会儿，耳边的声音渐渐小了，他也慢慢停止了旋转，两只脚稳稳地落到地上。

谷雨眨巴眨巴眼睛，迫不及待地想看一看神奇的精灵王国。可是眼前的一切让他顿时傻了眼。

童话故事中的精灵王国环境优美，里面有各种新奇的动植物。可是这里空荡荡的，除了半空中的一扇**三角形**的大门，就只有灰色的天空和地面了。

我是不是到了一个假的精灵王国？谷雨的心里凉了半截儿。

这时，魔法小精灵飞过来，指着那扇大门说："这是通往精灵王国的大门，打开这扇门，才能进入精灵王国。但这扇**精灵国之门**是三角形的，非常牢固，要用一把特殊的钥匙才能打开。"

"钥匙在哪儿？快拿出来开门吧。"谷雨急切地朝魔法小精灵伸手要钥匙。

"钥匙就是你自己！"

魔法小精灵一挥小手，大门就变成一块大大的电子屏幕，屏幕上出现了许多根不同尺寸的小木棍。谷雨的脑袋"嗡"的一下，苦着脸

说："不会还没进门，就让我做数学题吧？"

"没错！选择任意尺寸的小木棍，围成**两个不同的三角形**，就可以开启大门。但是……"说到这里，魔法小精灵吐了吐舌头，"如果你答错了，会受到随机的惩罚。"

"惩罚？不会把我扣在精灵王国不能回家吧？"谷雨想起了自己被大张老师留校改错题的"可怕"经历。

魔法小精灵笑着说："那倒不会，我们精灵王国还是很友善的。在这里，你答对了会获得相应的奖励，答错了只会受到一些有趣的小惩罚。"

"哇，我已经迫不及待地想试试了。"谷雨长长地吸了一口气，给自己鼓鼓劲儿，然后盯着大屏幕上的小木棍看了一会儿。

"**三角形有三条边**，随便选择三根木棍就行了，这也太简单了。"他随手选择了三根长度分别为 5 厘米、4 厘米和 10 厘米的小木棍，想摆成一个三角形。可是失败了。

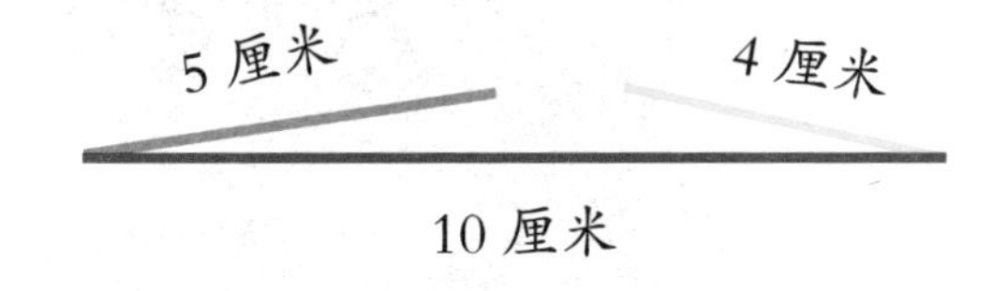

"这、这是怎么回事？竟然差一截儿？"谷雨困惑地挠了挠头，又不服气地把 5 厘米的小木棍换成了 3 厘米的。但是这回差得更多了，根本无法组成一个三角形。

魔法小精灵在一边提醒他："**做数学题要先思考再下笔，不能想当然地随便写，不然很容易出错。**"

“我不会认输的，我要再尝试一次。”听了魔法小精灵的话，谷雨抱着胳膊，像模像样地把那些小木棍在脑子里比画了一下，随后又选择了 6 厘米、4 厘米和 10 厘米的小木棍。结果，三根木棍直接变成了重叠在一起的两条线。

6 厘米　　4 厘米

10 厘米

“嘀！嘀！嘀！”电子屏幕传来警报声，“您已尝试三次开门，答案均是错误的，请接受惩罚。”

话音刚落，谷雨的身体突然被拎了起来，下一秒，他就坐到了一个悬在半空的过山车上，下边就是万丈深渊，比公园里面的过山车可怕多了。

过山车启动了，谷雨浑身僵硬地坐在上面，一会儿缓慢上坡，一会儿从高处俯冲下来。他吓得一句话也说不出来，只能不停地大叫着：“啊啊啊——”

不知道过了多久，谷雨才从过山车上被放下来。他觉得自己在上面待了简直有一百个小时那么久，落地后都站不稳了。

“怎么样，你还想再试试吗？”魔法小精灵问。

“当然要试！”谷雨可不想浪费去精灵王国的机会。他晃晃悠悠地来到大屏幕前，在心里盘算起来：刚刚我选择的小木棍都是短的，这次选个长的试试。

于是，他将 4 厘米的小木棍换成了 5 厘米的。这次，长度分别为 6 厘米、5 厘米和 10 厘米的三根小木棍一下就围成了**一个漂亮的三角形**。

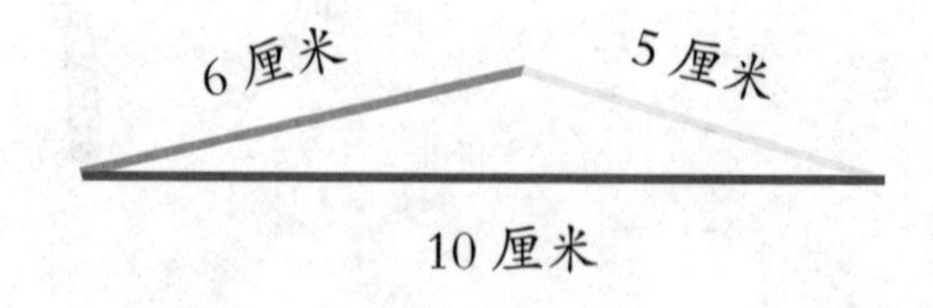

“成功了！”谷雨大受鼓舞。

之后他又选择了再长一些的小木棍，用 6 厘米、9 厘米和 10 厘米的小木棍，**再次围成了一个三角形。**

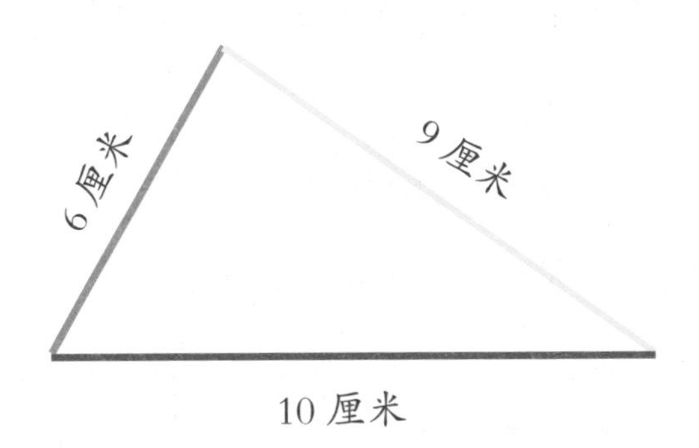

“我明白了！”谷雨兴奋地跳了起来，“我第一次选择的小木棍的长度分别是 4 厘米、5 厘米和 10 厘米，两根较短的小木棍长度的和是 9 厘米，小于第三根小木棍的长度，即 4+5<10；第二次选择的小木

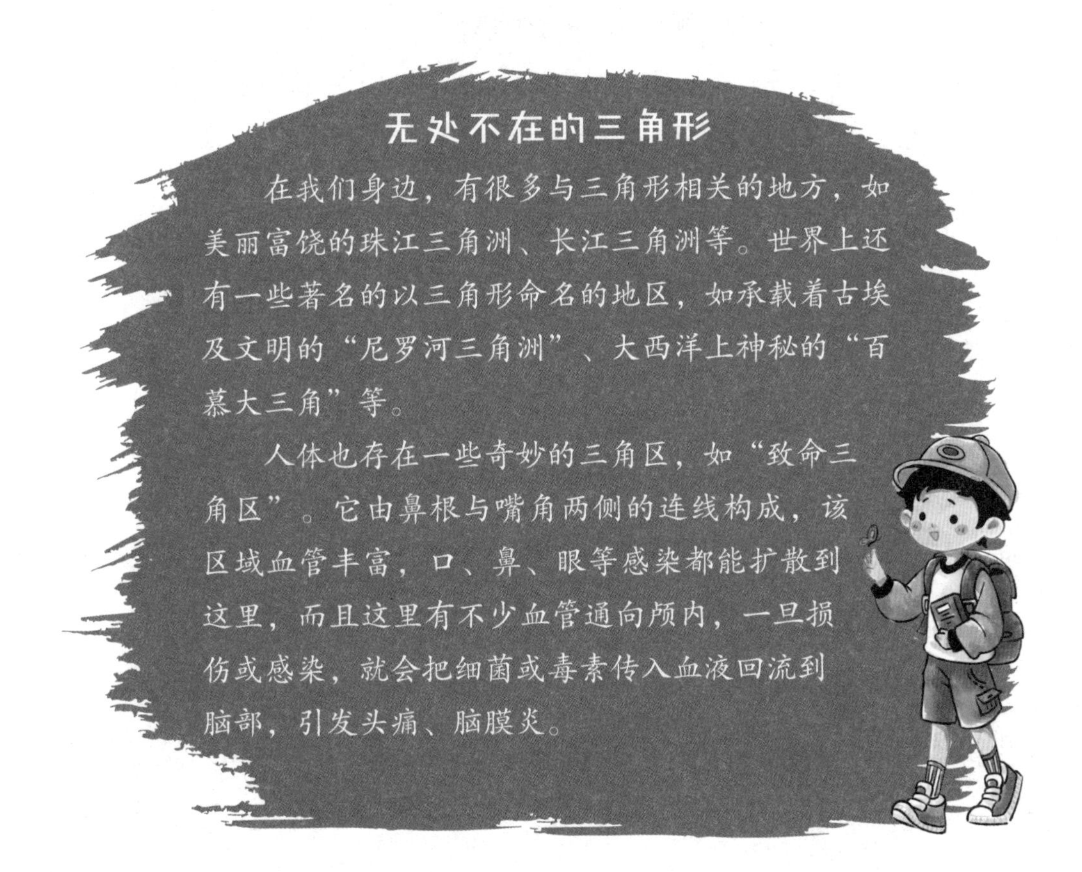

棍的长度分别是 3 厘米、4 厘米和 10 厘米，两根较短的小木棍长度的和是 7 厘米，小于第三根小木棍的长度，即 3+4<10；第三次选择的小木棍的长度分别是 4 厘米、6 厘米和 10 厘米，两根较短的小木棍长度的和正好等于第三根小木棍的长度，即 4+6=10。这三种情况都围不成三角形。我第四次选择的小木棍的长度分别是 5 厘米、6 厘米和 10 厘米，两根较短的小木棍长度的和是 11 厘米，大于第三根小木棍的长度，即 5+6 ＞ 10；第五次选择的小木棍的长度分别是 6 厘米、9 厘米和 10 厘米，两根较短的小木棍长度的和是 15 厘米，大于第三根小木棍的长度，即 6+9 ＞ 10。而只有最后两次围成了三角形。也就是说，**三角形中较短的两条边长度的和一定要大于第三边**！”

“恭喜你发现了**三角形边长的秘密**！”魔法小精灵刚说完，两个围好的三角形就顺时针转动起来，并发出了齿轮传动的机械声，大门也散发出柔和的金色光芒。两个三角形刚好转了一圈儿后，“咔”的一下停住了。随着“吱呀”一声响，大门缓缓打开了。

“哈哈，看来数学也没有那么难嘛！”谷雨开心地摆了一个帅气的姿势。

“喂，别臭美了，快跟我来！”魔法小精灵手一挥，谷雨就被一阵风吹着向前跑去。他不自觉地跟着魔法小精灵进入精灵国之门，又一路向前飞奔，不经意间低头一看，地上留下的串串脚印，竟然是各种各样的三角形。

跑着跑着，谷雨突然发现魔法小精灵好像变大了。本来她是一个小小的精灵，现在竟然已经有他半身那么高。谷雨诧异极了：“你怎么变大了？”话音未落，他突然发现自己脚下的影子竟然不见了。谷雨抬头看了看太阳，又低头看看脚下，吃惊地瞪大了眼睛："我的影子呢？"

"别担心。"魔法小精灵安慰道，"人类来到精灵王国，受到魔法的影响，身体会变小一些，影子也会消失。不过，等你变得越来越强大，这些就都有办法恢复了。"

"原来是我变小了啊。好吧，希望我回家之前能恢复成原来的样子。"谷雨的话刚说完，身后的三角形脚印忽然变成了一条漂亮的飞毯，"唰"的一下卷起谷雨，又向远方飞去了。

数学小博士

谷雨跟着魔法小精灵来到精灵王国，通过不断的尝试和探索，破解了精灵国之门的玄机，成功开启了通往精灵王国的大门。

大胆猜想，细心求证，可以让数学学习变得更有意义。动手试一试，也可以让学习变得更有趣。在这里，谷雨第一次发现了数学的好多小秘密。

三角形边的秘密

- 三角形任意两边之和大于第三条边
- 三角形任意两边之差小于第三条边

听说谷雨破解了精灵国之门的玄机，小麻雀也跃跃欲试。他衔来两根直直的树枝，一根长 4 厘米，一根长 9 厘米，那么还需要增加一根几厘米的树枝才能围成一个三角形呢？（假设树枝的长度都是整厘米数。）

你能帮小麻雀想想有几种答案吗？

温馨小提示

第三根树枝的长度，要满足“三角形两边之和大于第三条边”的定律。因此，不能随意选取。

如果第三根树枝的长度小于或等于 5 厘米，那么它和 4 厘米的树枝相加，和就会小于或等于 9 厘米，不符合要求。

如果第三根树枝的长度等于或大于 13 厘米，那么 4 厘米和 9 厘米的树枝相加，和就会等于或小于 13 厘米，也不符合要求。

所以，第三根树枝的长度必须大于 5 厘米且小于 13 厘米。可以是 6 厘米、7 厘米、8 厘米、9 厘米、10 厘米、11 厘米、12 厘米。

认真思考，合理列举，这就是学习数学的有趣魔法哟！

第二章

逃离黑密室

——多边形的面积

飞毯卷着谷雨飞呀飞呀，不知道飞了多久，随着“轰”的一声，谷雨被扔进了一个房间。这是一个封闭的空荡荡的房间，里面灯火通明，墙壁黑亮黑亮的，很有科技感，又无形之中给人一种压迫感。

“这是什么地方？”谷雨仔细观察了一下，惊讶地发现这个房间竟然没有门和窗户，看上去是一个密室。

魔法小精灵现身，飞来飞去地研究了一会儿，垂头丧气地说：“不好意思，是我的错。我的魔法用得不太熟练，一不小心把你带到了这里。”

谷雨不忍心责怪她，便安慰道：“没关系，我们一起来找找，看看有没有出口。”

两个人一起沿着墙壁找了好几圈儿，一点儿收获也没有。谷雨的心里越来越紧张，大声喊道：“讨厌的黑密室，快放我出去！”

也许是谷雨的喊声惊动了什么，墙壁上忽然出现了三个图形，一个是**平行四边形**，一个是**三角形**，一个是**梯形**。每一个图形上都有一只大眼睛，对谷雨不停地眨巴着。

“欢迎来到图形密室！”一个浑厚低沉的声音传来，可谷雨并没有发现是谁在说话。

“我们是被黑暗之神封锁在这里的几何城密使。”另一个尖尖细细的声音说。

“我们都被密码锁锁住了。如果你能找到**计算我们这几个图形面积的方法**，就可以获取密码解救我们。”又一个清脆响亮的声音响起，他的语速可真快。

“原来是墙上的三个图形在说话。”谷雨这下明白了。

“哎呀，原来几何城的几位密使在这里呀！”魔法小精灵惊叫起来，“他们可是几何城的光明使者。怪不得现在几何城没有白天，只有黑夜。快快快，我们赶紧去破解密码，把他们救出来！”

“好！”一听到密使们被关在这里正等待解救，还事关几何城寻回白天，热心肠的谷雨爽快地答应了。

谷雨走到平行四边形密使面前，有点儿傻眼。因为他只知道**长方形的面积**是用**“长×宽”**来算，而关于平行四边形面积的计算方法，他还没学过呢。谷雨盯着平行四边形密使，忽然想到一个好主意：**可以把平行四边形变成长方形！**他拼命地拉扯着平行四边形密使的对角，想把它们变成直角，可是拉了好久，平行四边形密使纹丝不动。魔法小精灵也飞过来帮忙，但仍然无济于事。

谷雨累得呼呼喘着气，说：“不是说**平行四边形容易变形**吗，难道是我记错了？”

“应该是我们太弱了。”魔法小精灵说，“几何城的密使都是高阶精灵，不会那么轻易就被改变的。”

一个变小了的人类孩子，一个初级的幼小精灵，这个高阶精灵对于他们来说，确实是太强大了。谷雨像泄了气的皮球一样，沮丧地一

屁股坐在地上。

“哎哟！疼死我了！”谷雨刚坐下就腾的一下从地上弹起来。他扭头一看，屁股下面竟然有一把刀。

“嘿，这是魔法切割刀！”魔法小精灵惊叹道，“这可是好装备，快捡起来试一试！”

魔法切割刀？听起来有些神奇。谷雨把刀捡起来，发现刀柄上面有一个白色按钮。

“我来按一下试试。”魔法小精灵飞过去好奇地按下了按钮。

“哐当”一声，一道暗黄色的光亮闪过，墙壁上平行四边形密使竟然被分割成了两部分，左边的部分是个三角形，正在闪闪发光。

谷雨忍不住伸手去触摸这个三角形，而它竟然像长了脚一样慢慢向右移动，一直移动到平行四边形的右侧，又完美地贴合上去。原来的平行四边形竟然变成了一个长方形。

“这是怎么回事？”这一切发生得太快，谷雨还没来得及看清楚呢。

“时光重现！”魔法小精灵念了一句咒语，又对谷雨说，“谷雨你赶快再看一遍。我的魔力只能够让时光重现一次，你可要看清楚了。”

谷雨瞪大眼睛，总算看清楚了：魔法切割刀沿着平行四边形密使的高，把他切成了一个直角三角形和一个直角梯形，直角三角形平移后和直角梯形正好组成了一个长方形。**虽然这个图形的形状变了，但是面积没变。**

平行四边形密使一点儿也没受伤，他看起来状态还挺不错。“啊！我明白了，”谷雨激动极了，“平行四边形可以转化成长方形。转化后的长方形的长相当于原来平行四边形的底，宽相当于原来平行四边形的高。长方形的面积 = 长 × 宽，所以，**平行四边形的面积 = 底 × 高。**”

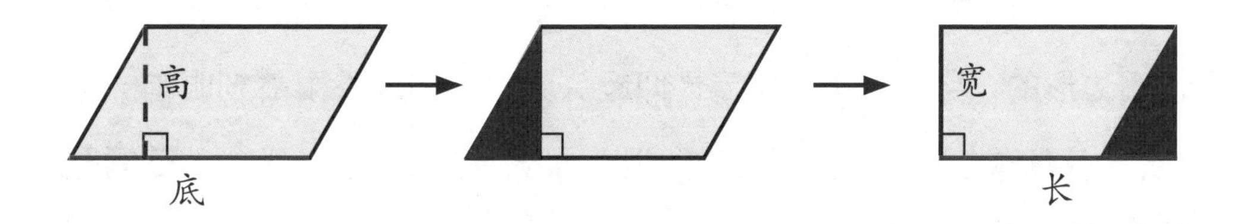

谷雨的话刚刚说完，一行密码就出现在墙壁上：

$$S = ah$$

谷雨轻声念出密码，墙上的平行四边形立刻不见了。“平行四边形密使应该是得救了。”魔法小精灵高兴地飞着转了一圈儿，“干得漂亮，继续加油！”

谷雨信心大增，拿着魔法切割刀，来到中间的三角形密使面前。他抬手按下刀上的按钮，可是这一次魔法切割刀竟然失灵了，怎么按都没反应。

谷雨失望地站在墙边，右手拿着魔法切割刀在墙上画起圈圈来——这是他数学考试时的习惯动作，只要做不出题，他就爱在卷子上画圈圈。

突然，墙壁震动了一下。谷雨定睛一看，原来的三角形旁边又出现了一个一模一样的三角形。

“是克隆魔法！”魔法小精灵大声说道，“你真幸运，竟然获得了精灵之光的加持，它会在你需要的时候，给你一些提示。”

魔法小精灵刚说完，刚刚出现的三角形突然翻了个身，和原来的三角形严丝合缝地贴合在一起，变成了一个平行四边形。

“哇，太神奇了！”谷雨惊讶极了，“这两个完全相同的三角形竟然拼成了一个平行四边形！”

“既然这两个三角形完全相同，那么，是不是每个三角形就是平行四边形的一半？”魔法小精灵仰起头问了一句。谷雨立刻眼前一亮：“哈！多谢你提醒了我！平行四边形的面积 = 底 × 高，那么，**三角形的面积 = 底 × 高 ÷ 2**。一定是这样！”

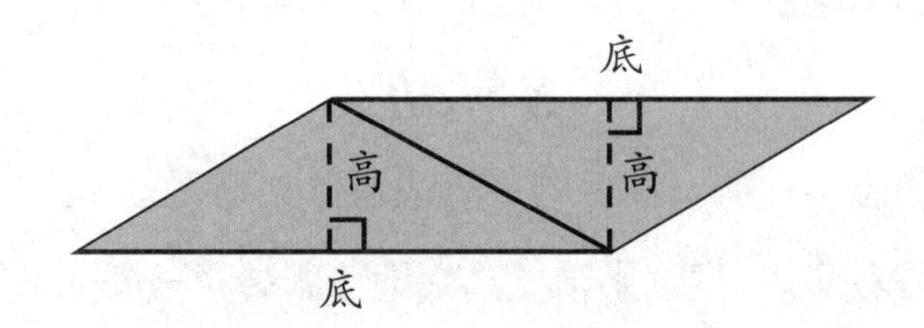

伴随着魔法小精灵的掌声，又有一行密码出现在墙壁上：

$$S = ah \div 2$$

当谷雨把密码大声念出来后，三角形密使也获救了。

连破两个密码，谷雨别提多高兴了，帮助别人的感觉真快乐呀！

可是，马上他又犯愁了：第三个图形是梯形，梯形的面积应该怎么计算呢?

就在这时，房间里响起了“嘀嗒嘀嗒”倒计时的声音，一个神秘的声音说:“时间只剩下5分钟，如果你们再解答不出来，梯形密使将被送往黑暗之门。”

“不要啊!”梯形密使害怕得浑身颤抖起来。

魔法小精灵急得直拍翅膀:“我们要加快速度了，听说黑暗之门通往一个非常可怕的地方，被送进去之后就再也回不来了。”

谷雨最怕倒计时了，因为数学考试时，大张老师总喜欢在最后几分钟反复提醒:“还有10分钟……”“还有5分钟……”现在，谷雨也是越听越着急，越着急越找不到思路，急得直冒汗。

于振善称面积

我国有一位木匠叫于振善，经过多次实践，他找到了一种计算不规则图形面积的方法——“称法”。

他选了一块密度均匀的木板，先把各种不规则地块的形状图按一定比例剪贴到木板上，再按照形状把它们锯下来，然后称出每个地块图板的重量，最后再称出1平方厘米木板的重量。

准备就绪后，计算每个地块图板的重量中含有多少个1平方厘米木板的重量，就表示是多少平方厘米，再根据比例尺进行扩大，就可以算出实际面积是多大了。

“来不及想新办法了，我们用老办法试一试吧。”魔法小精灵说完，念了一句咒语，“旋转重现，克隆启动！”

随着魔法小精灵的咒语，梯形的旁边又出现了一个完全相同，但倒立过来的梯形。两个梯形合在一起也拼成了一个平行四边形，还隐约显示出了一条竖直的虚线。

这一次谷雨和魔法小精灵都看清楚了：平行四边形的底相当于梯形的上底加下底，而平行四边形的高也是梯形的高。

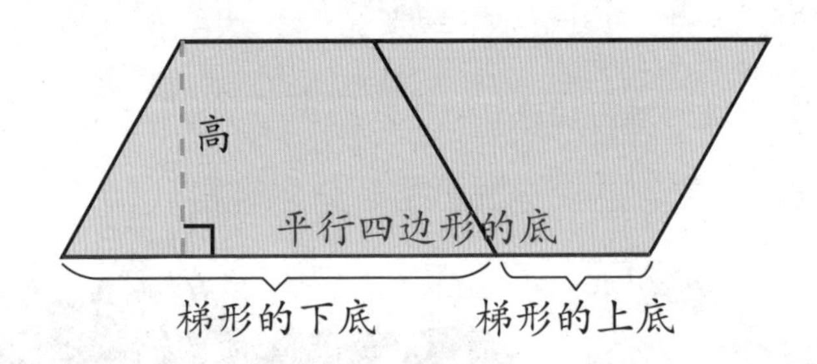

就在这时，倒计时的声音突然加速了：“嘀！嘀！嘀！还剩下10秒、9秒、8秒……”

“快呀！谷雨，快呀！”

“平行四边形的面积＝底×高，所以，**梯形的面积＝（上底＋下底）×高÷2**。”谷雨快速地喊出了这句话。倒计时在刺耳的一声“嘀”后结束了，四周陷入了寂静。谷雨担心地问：“我……赶上了吗？梯形密使，你还在吗？”

这时墙壁上又出现了一行密码：

$$S=(a+b)h\div2$$

还没等谷雨念出来，墙上的梯形密使已经不见了。

“我们得救了！”浑厚低沉的声音开心地说。

“谢谢你们呀！”尖尖细细的声音轻快地说。

“你们成功了！”清脆响亮的声音喜悦地说。

三个图形密使的声音在屋子里回荡着，黑黑的墙壁突然发射出三道光线，三道光线汇聚成一束光亮，穿透黑墙，一扇明亮的门出现了。谷雨、魔法小精灵和几何城的密使们都重新获得了自由。

谷雨想起在书上看到过的一句话：“黑暗是永远战胜不了光明的！”他觉得用这句话来表达自己现在的心情最恰当不过了。他的心里现在充满胜利的喜悦。

谷雨头一次知道，计算图形的面积还有这么多方法和技巧，可以**通过分割拼接或虚拟复制，把一个图形转换成别的图形，**这样就能轻松计算出新图形的面积。谷雨惊讶地发现，一直让自己头疼的数学，变得越来越有意思了。

“咱们快走吧！”谷雨拉着魔法小精灵，迫不及待地向前跑去。

数学小博士

谷雨在魔法小精灵的帮助下，凭借较好的图形知识基础，破解了黑暗之神对图形密使的封锁，让几何城重新拥有了光明。现在让我们也来念一念魔法小精灵的魔法咒语吧："时光重现！"一起来仔细回忆一下黑密室里的那几个密码。

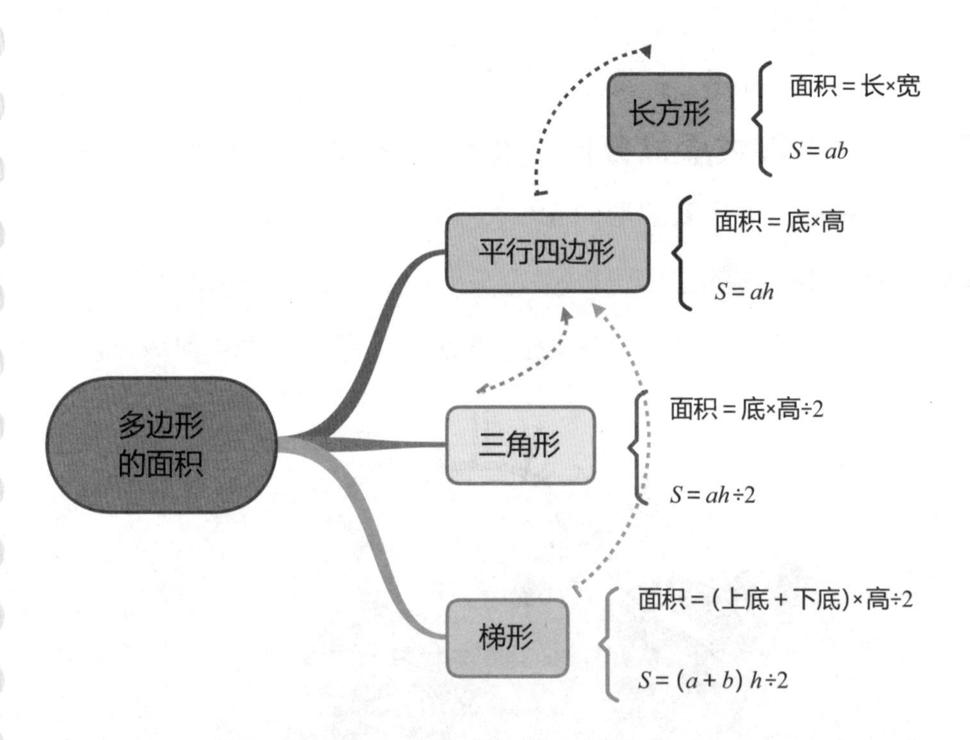

分割、拼接、平移、旋转，是研究和计算平面图形面积时常用的方法。当研究一个新的数学问题时，我们可以通过寻找新旧知识之间的联系，把未知的内容转化成我们学过的内容。这样，复杂的问题就变简单啦！

谷雨他们终于从黑密室逃出来了。然而谷雨不知道，黑密室里其实还有一项终极挑战，完成这个终极挑战，就可以获取解决图形难题的能力哦！既然谷雨已经走了，那么请你来试一试吧。

密室有一个隐形的通风口，形状如图中所示。你能算出它的面积吗?

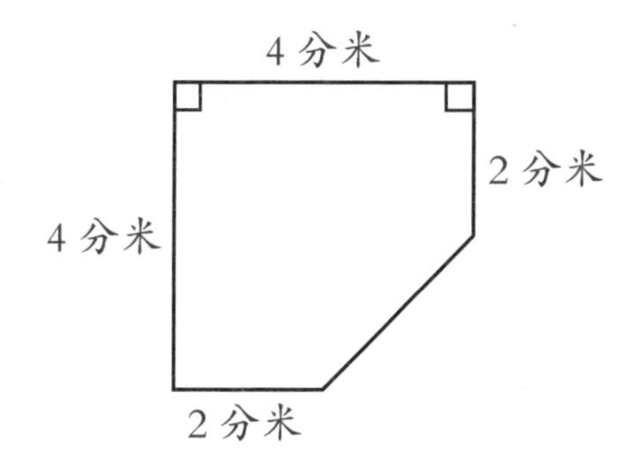

这个密室通风口的形状是一个组合图形，也就是由几个基本图形拼接而成的图形。在计算组合图形的面积时，只要画一画辅助线，把它切割成基本图形，分别计算出基本图形的面积，最后再相加，就可以计算出组合图形的面积了。本题这个通风口的形状正好可以切割成一个长方形和一个梯形。

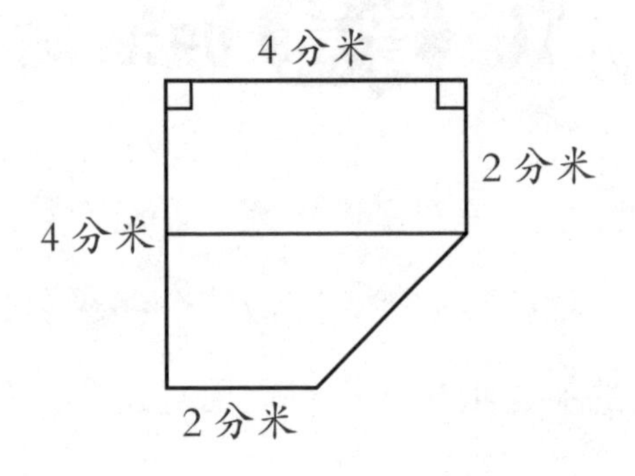

长方形的面积 = 长 × 宽 =4×2=8（平方分米）

梯形的面积 =（上底 + 下底）× 高 ÷2 =（2+4）×（4−2）÷2=6（平方分米）

密室天窗的面积 = 长方形的面积 + 梯形的面积 =8+6=14（平方分米）

你做对了吗？

第三章

扩建新土地

——公顷和平方千米

谷雨拉着魔法小精灵在路上飞奔。“停！停！停——我、我有点儿喘不过气来了。”魔法小精灵使出浑身力气对谷雨说。谷雨停下脚步，这才发现魔法小精灵脸色苍白，看起来十分虚弱。

“你没事吧？”谷雨担心地看着魔法小精灵。

“我有点儿头晕，”魔法小精灵说，“可能是刚才用了太多魔法，能量不足了，需要去**精灵植物园**补充能量。”

“精灵植物园在哪儿？我带你过去。”谷雨拉着魔法小精灵的手，生怕她晕过去。在魔法小精灵的指引下，谷雨很快就在路边看到了一个路牌，上面画着箭头指向“精灵植物园”。看着魔法小精灵飞进精灵植物园的背影，谷雨欣慰地笑了，他觉得现在自己和魔法小精灵已经成了一对非常亲密的小伙伴。

“让我看看精灵王国的植物园里有什么新奇的东西吧！”谷雨一边好奇地东张西望，一边也进入了精灵植物园。

哇，不愧是精灵王国的植物园啊，这里可真美！大地是金黄色的，还闪着星星点点的亮光，路旁有许多高高的大树，树周围生长着各种各样奇异的花草。

“嗨，我回来啦！”谷雨正欣赏着精灵植物园的美景，魔法小精灵

精神抖擞地出现在他面前。

“你看起来好多了。”谷雨高兴地说。

“没错，不过……消耗了精灵植物园的能量，我们必须得扩建出新土地才能离开。”魔法小精灵不好意思地告诉谷雨。

“新土地？这么多土地还不够吗？”谷雨看看远处，金黄色的土地根本一眼看不到边。

“精灵植物园里种的都是魔法植物，这些植物是所有精灵学习和使用魔法的能量来源。”魔法小精灵解释说，“随着精灵们魔法的升级，对植物的需求量也会逐渐增加。所以要扩建土地。”

“你们要扩建两块地呢。”旁边的卷边草上爬过来一只七星瓢虫，“第一块地的面积为 1 公顷，第二块地的面积为 1 平方千米。”

“这样，凤尾草、六角叶、月菱花、曼罗藤、白芸果就都可以自由生长啦，哈哈哈！”七星瓢虫又叽里呱啦地说了一堆奇怪的名字。

“‘**1公顷**’和‘**1平方千米**’？”谷雨喃喃地重复着这两个从来没有听过的新名词。他只隐约记得家里有一张方桌，听妈妈说，桌面是正方形的，面积是1平方米。可是，“1公顷”和“1平方千米”到底是多大的面积呢？唉，如果现在大张老师在，那该多好啊！谷雨第一次觉得大张老师是那么亲切，竟然还有点儿想念他了。

“你以前学过哪些**面积单位**？”魔法小精灵问谷雨。

“就是那些最基本的，比如**平方米、平方分米、平方厘米**。”谷雨把脑子里记住的面积单位说了出来，可是它们和公顷、平方千米之间有什么关系呢？

“1公顷等于10平方米？”谷雨试探着说了一句。突然，一道闪电夹带着轰隆隆的雷声劈过来，把谷雨吓了一跳。他这才想起魔法小精灵曾经说过，在这里，答错问题是会有惩罚的。

谷雨吐了吐舌头：“唉，看来我猜错了。”

“没关系，我有一个魔法道具，它可以帮咱们！”说完，魔法小精灵边念咒语，边用手指在地上画了一个圈儿。

谷雨感觉自己飘了起来，越飘越高，不一会儿飘到了一朵五彩云上。魔法小精灵在他旁边念念有词地说：“五彩云啊五彩云，让我们看看‘1公顷’有多大。”话音刚落，五彩云就慢慢地移动起来。

五彩云沿着直线前行了100米，然后向右转了90°，接着继续直线前行100米后又向右转了90°，之后还是直线前行100米后再右转90°，最后直线前行100米回到了起点。

谷雨定睛一看，五彩云经过的地方都留下了**红色的痕迹**，这些痕迹恰好围成了一个**正方形**。

“啊，好大的一个正方形！”谷雨惊叫起来，“和我们学校的小操场差不多大啦！”

“确实很大。”七星瓢虫不知什么时候也跟来了，“你们看，这个红色正方形的每条边都是 100 米，整个**正方形的面积**就是**1 公顷**。”

100 米

“你的意思是：100 米 ×100 米 =10000 平方米，所以**1 公顷 =10000 平方米**？”谷雨大胆说出自己的想法，七星瓢虫郑重地点点头。

魔法小精灵惊奇地说：“哇，原来 1 公顷这么大呀！”

他们的话刚说完，那个红色的正方形就开始缓缓降落，最后落在地上，顿时金光四射，变成了一块金黄色的土地。

眨眼间，土地上又长出了凤尾草、六角叶，开出了月菱花。这可太壮观了！

第一块地扩建成功！

这可真有成就感！谷雨开心地拉着魔法小精灵的手，急切地问：“1 平方千米又是多大呢？快让五彩云带我们看一看吧。”

“这个……这个有些难办。”魔法小精灵支支吾吾地说，“我的魔法只够使用一次五彩云。虽然刚才补充了能量，但是……”魔法小精灵的话还没说完，五彩云便缓缓降落，把他们送回到了精灵植物园的大地上。唉，魔法小精灵还小嘛，有时候魔法会出错，有时候魔力会不够，这很正常。

1 平方千米到底是多大呢？跳下五彩云，谷雨的脑子里被这个问题占满了，他左思右想觉得这个“1 平方千米”很可能也和正方形有关。

没错，正方形！ 谷雨立即在脑海中搜索有关正方形的信息。突然，他想起大张老师曾经说过：边长1米的正方形，面积是1平方米；边长 1 分米的正方形，面积是 1 平方分米；边长 1 厘米的正方形，面积是 1 平方厘米。想到这里，他开心地大声喊了起来：“我明白啦！边长1千米的正方形土地，它的面积就应该是1平方千米。”

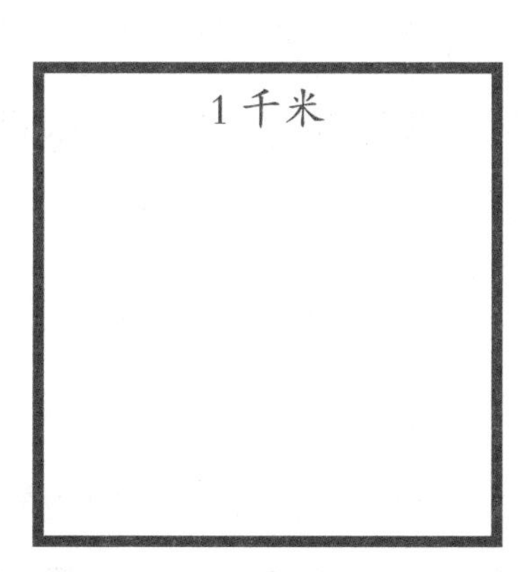

一阵风吹过，五颜六色的花瓣夹杂着魔法糖果从天空中飘落下来，以示表扬谷雨找出了正确答案。

“你说的一点儿都没错。”七星瓢虫又从卷边草的草丛中钻了出来，“但我还有一个问题想考考你，1 平方千米等于多少平方米？”

“啊？ 1 平方千米不就是 1000 平方米吗？”谷雨想都没想就答道。

“轰隆隆——哗啦啦——”先是一道闪电劈过，然后又来了一阵雨，淋了谷雨一身水。

七星瓢虫和魔法小精灵都忍不住笑起来：“看样子你答错了。”

“这里涉及一个知识点哦，**1 平方千米并不等于 1000 平方米**，两者是不同的概念，而且差得还挺远的。”七星瓢虫说。

“万变不离其宗，你再想想，计算正方形面积的公式是什么？”魔法小精灵一副小老师的样子说道。

谷雨都有点儿哭笑不得了，他甩了甩脸上的水珠，冷静了一下说：“计算正方形面积的公式是：正方形的面积 = 边长 × 边长。让我算一算啊，1 千米就是 1000 米，1000 米 ×1000 米 =1000000 平方米，所以 **1 平方千米 =1000000 平方米**。那这片土地可真是超级大！”他想了想，接着惊叹道，“1 公顷 =10000 平方米，1 平方千米 =1000000 平方米，按这样来算的话，**1 平方千米 =100 公顷**，这可有 100 个学校小操场那么大！”

谷雨的话音刚落，湿答答的身上就变得干爽又舒适，还香喷喷的，舒服极了。五颜六色的花瓣和魔法糖果再次从天上落下来。

七星瓢虫总结道：“不错不错，今天你们学到新知识啦！关于这两个面积单位，你们要记住：**面积 1 公顷的正方形边长是 100 米，面积 1 平方千米的正方形边长是 1000 米，1 平方千米等于 100 公顷。**”

“对对对，而且还要记住，10 平方米不等于 1 平方十米，100 平方米不等于 1 平方百米，1000 平方米也不等于 1 平方千米。”魔法小精灵补充道。

“这些知识点我会永远都记得的，因为这里面既有大家的帮助，也有我自己的努力思考啊。”谷雨摸摸脑袋感慨地说。

成功计算出答案后，地面自动扩建出了一大片金黄色的土地，一眼望不到边际，土地上长满了比人还高的黄金麦穗。

1 平方千米的土地也扩建成功了！

谷雨非常有成就感，而且他现在知道了，**数学是有规律的，可以通过推理来学习**：从厘米、分米、米能推出十米、百米、千米，从平方厘米、平方分米、平方米也能推出公顷、平方千米……

就在这时，魔法小精灵感激地说：“谷雨你真厉害！谢谢你让精灵

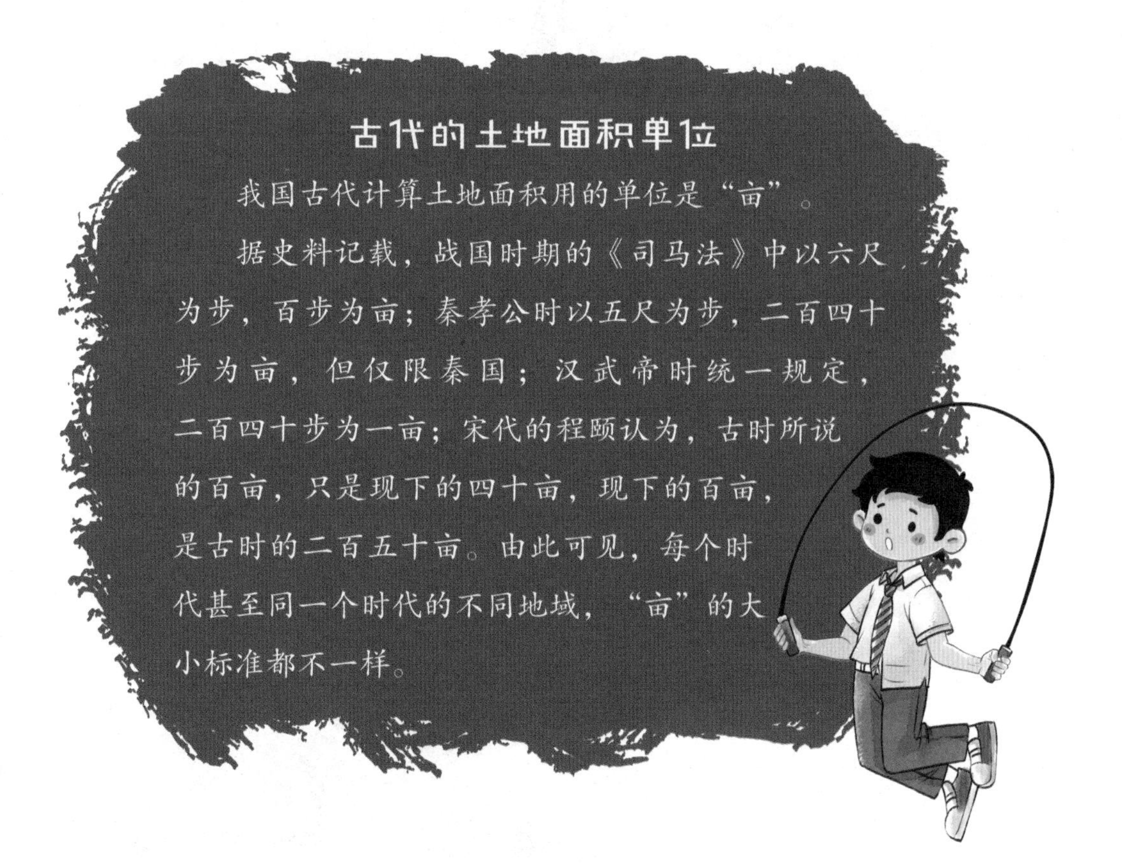

古代的土地面积单位

我国古代计算土地面积用的单位是“亩”。

据史料记载，战国时期的《司马法》中以六尺为步，百步为亩；秦孝公时以五尺为步，二百四十步为亩，但仅限秦国；汉武帝时统一规定，二百四十步为一亩；宋代的程颐认为，古时所说的百亩，只是现下的四十亩，现下的百亩，是古时的二百五十亩。由此可见，每个时代甚至同一个时代的不同地域，“亩”的大小标准都不一样。

植物园成功升级。”

七星瓢虫笑着向他们致谢：“现在的精灵植物园能量充足，小精灵们可以按需补给啦。感谢你们两位！我送送你们。”说完，他振了振翅膀，一阵混合着花草香味的风，直接把谷雨和魔法小精灵送离了精灵植物园。

谷雨在半空中边笑边惊讶地喊道：“七星瓢虫的威力也太大啦！”

数学小博士

谷雨和魔法小精灵来到了精灵植物园，等魔法小精灵补充了能量之后，他们一起扩建了面积分别为 1 公顷和 1 平方千米的两块新土地。

魔法小精灵能量满满，精灵植物园获得了升级，谷雨也有了新的收获。

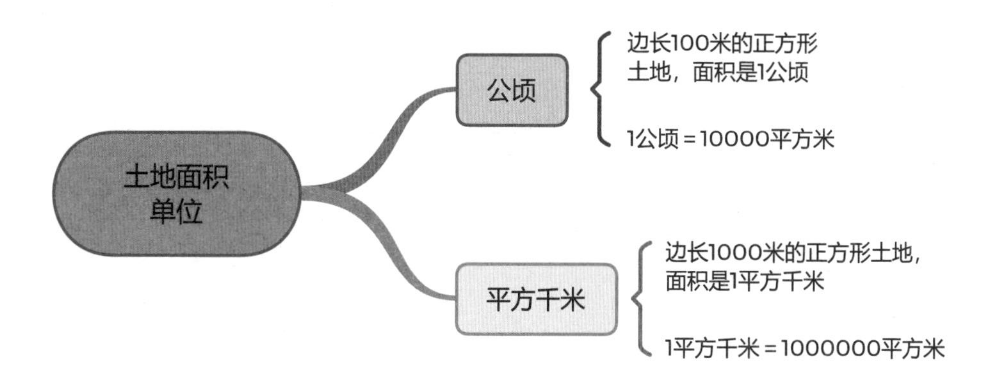

根据学过的知识，通过想象、推理，把旧知识的规律迁移到新知识中，就可以得到新的启发哟！

精灵植物园是精灵们补充能量的地方，里面种满了各式各样的花草树木。由于凤尾草的生长速度太快了，七星瓢虫要对土地进行扩建。

种植凤尾草的正方形土地原来是4平方千米，扩建后它的边长增加了1000米。你知道扩建后的面积比原来增加了多少平方千米吗？

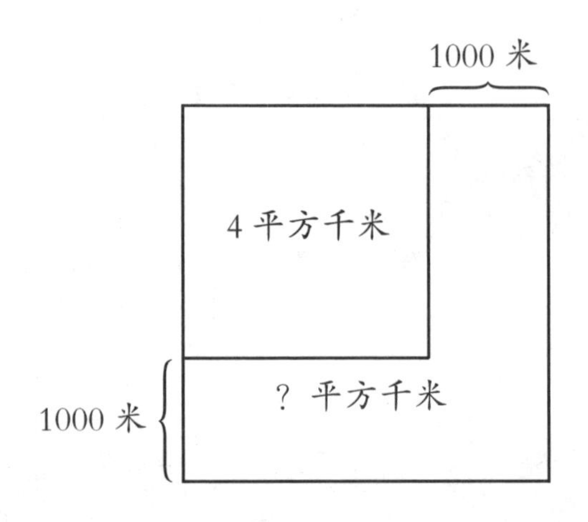

想求面积增加了多少平方千米，就要用扩建后的面积减去原来的面积。我们知道正方形土地的边长增加了1000米，也

就是1千米，可是原来正方形的边长是多少呢？这会不会有点儿难算呢？

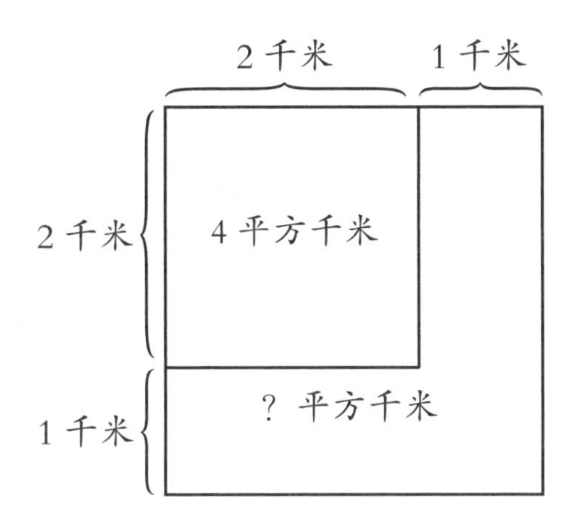

不会不会！看一看图，然后想一想，我们可以知道：

正方形的面积 = 边长 × 边长

4平方千米 =2千米 ×2千米

因此，我们就能知道原来正方形的边长是2千米。

接下来，算出扩建后的正方形的面积，与原来的面积相减就可以啦！注意题目中的“1000米”要换算成“1千米”。

（2+1）×（2+1）−4=5（平方千米）

所以，扩建后的面积增加了5平方千米。

第四章

解密魔法墙

——观察物体

从精灵植物园出来后，不仅魔法小精灵的能量增强了，谷雨的数学能力也提高了不少。现在谷雨非常急切地想知道魔法小精灵下一站会带他去哪里。

“魔法小精灵，接下来我们去哪里呢？”谷雨的眼神都带着期待。

魔法小精灵想了想，说：“去**忽影洞**吧。忽影洞里有**魔法墙**，据说魔法墙也藏着不少数学秘密。”

“呼——呼——”魔法小精灵施展魔法吹了两口气，一眨眼工夫，他们就到了忽影洞。

忽影洞在忽影山上，洞口藏在一片密实的藤条后面。虽然洞口看上去黑乎乎的，但谷雨一点儿都不害怕，因为他已经开始喜欢精灵王国了，很想知道这个洞里到底有什么神奇的东西。谷雨迫不及待地走在魔法小精灵前边，进入了忽影洞。

忽影洞里面并不像外面看上去那么黑，因为洞壁上发出了微弱的蓝光。

借着这点亮光，谷雨和魔法小精灵拐了好几个弯儿，又往下走了好几百级台阶。终于，魔法小精灵指着前面叫起来：“看，那就是魔法墙！”

谷雨望见不远处有个大大的台子，台子的中央有一面忽明忽暗的墙。说是墙，其实是由**四个正方体**组成的奇怪的**几何体**，而且还在不停地变化着，一会儿像字母 L，一会儿又像字母 T。变化的时候，它还会发出充满机械感的“咔咔”声，就像一个大号的不规则魔方。

“谷雨，据说这面墙是有魔法的，只要破解了魔法，忽影洞就会重新变得明亮起来。”魔法小精灵神神秘秘地对谷雨说道。

谷雨来到魔法墙前，借助微弱的光看了半天，也看不出有什么特别。“这里能有什么魔法？就是一些不断变换位置的正方体而已。”说着，他忍不住伸手去触摸了一下。这时，正在变化的墙突然停了下来，静止在那里，从正面看像**翻转的大写字母 L**。

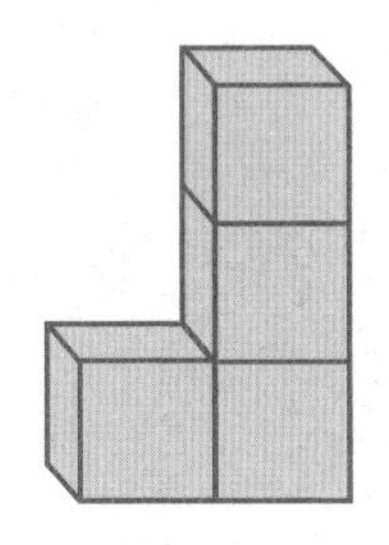

谷雨左看右看，又摸摸下巴说：“这好像我小时候玩儿的积木啊，几个方块摆来摆去，可以摆出各种形状。”

谷雨没想到，他无意间的一句话，竟然触动了魔法墙的机关。只见整面墙都亮了起来，还发出了古怪的机械音：“很好，你已经了解了魔法墙的入门知识。接下来，请你们在电子屏上，用跳动的方式触屏，画出从**前面、上面、左面**看见的我呈现的所有**平面图形**。”

说着，台子中央的地面变成了一个巨大的电子屏，上边显示着由许多小方块组成的区域。谷雨伸脚试探着触碰了一下其中一个方块，

那个方块立刻发出柔和的蓝光，并伴有轻微震动的感觉。

“所有平面图形？这不就一个图形吗？”谷雨抬头看了看眼前的墙，迷惑不解。魔法小精灵回忆着魔法墙的话，提醒谷雨：“魔法墙说了，是站在不同角度，所看见的所有平面图形！”

“啊，我知道了！**同一个立体图形，从不同的角度看，会呈现出不一样的平面图形。**”谷雨像发现了新大陆一样，激动极了。

这时魔法墙中传出一阵掌声：“恭喜你，又掌握了一个魔法墙的秘密！请继续加油吧，看看我每个面到底是什么图形。”

受到鼓励的谷雨非常开心，他拉着魔法小精灵走上电子屏，选定了其中一个方块，在上面跳了一下。方块不仅亮了，还发出了动感的音效。

真的太有趣了！

谷雨拉着魔法小精灵先往前“咚咚”跳了两下，再拐了个弯儿跳了一下，四个方块亮起来后，刚好形成了一个翻转的大写字母L。

谷雨说：“魔法墙，这就是你从前面看上去的样子。”

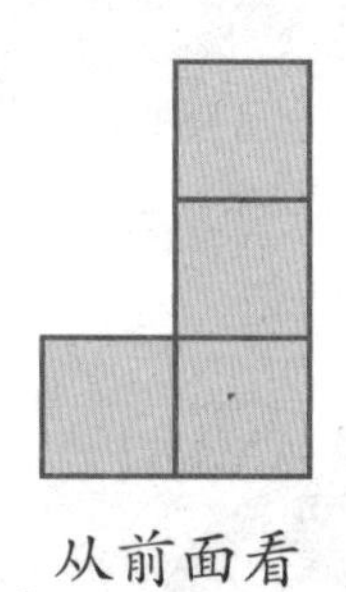

从前面看

“棒极了！”魔法墙中又传来一阵掌声。

接着，谷雨跑到魔法墙的左面，大声说：“从左面看，你是由**三个方块组成的长方形**。”

魔法小精灵听到后，赶紧连蹦了三个方块，通关的掌声再次响起。她开心地喊道：“太好啦！谷雨，继续！”

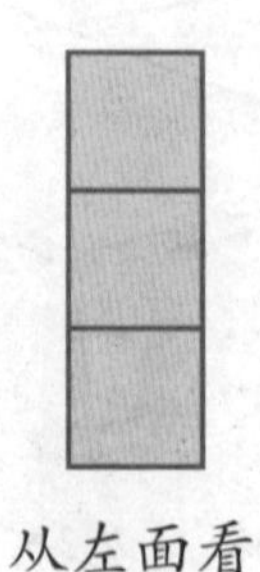

从左面看

“我猜……” 谷雨盯着魔法墙想了想，“从上面看，魔法墙应该是两个方块组成的长方形。”

“我飞上去看看。”魔法小精灵飞到魔法墙的上方，惊喜地喊道，“真的是**两个方块组成的长方形**。谷雨，你太棒了！”

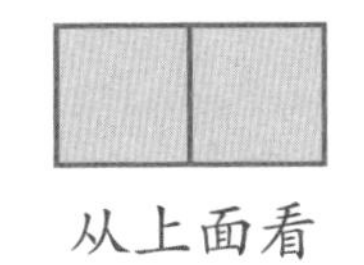

从上面看

谷雨在电子屏上一边跳一边笑着说:“这也太好玩儿了，像我们小时候玩儿的跳房子，又像游戏机里面的‘俄罗斯方块’。”

完成了这一轮的挑战，忽影洞里已经恢复了大半光亮。魔法墙欢快地说:“挑战还没结束哦！接下来，我会再变化出不同的图形，请你们在电子屏上分别画出从**前面、上面、左面**看到的我的样子。”说着，魔法墙又“咔咔”响着，改变了形状。

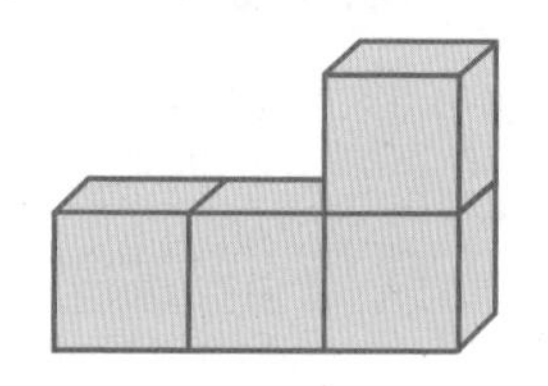

三视图

三视图指主视图（正视图）、俯视图、左视图（侧视图）这三种基本视图，是观测者从正面、上面、左面这三个不同角度观察同一个空间几何体而画出的图形。

将人的视线规定为平行投影线，然后正对着物体看过去，将所见物体的轮廓绘制出来的图形称为视图。一个物体有六个视图。从物体的前面向后面投射所得的视图称主视图（正视图），从物体的上面向下面投射所得的视图称俯视图，从物体的左面向右面投射所得的视图称左视图（侧视图），剩下的三个视图不常用。

谷雨拉着魔法小精灵的手，一起从电子屏上跳了起来，分别画出了从前面、上面和左面看到的形状。

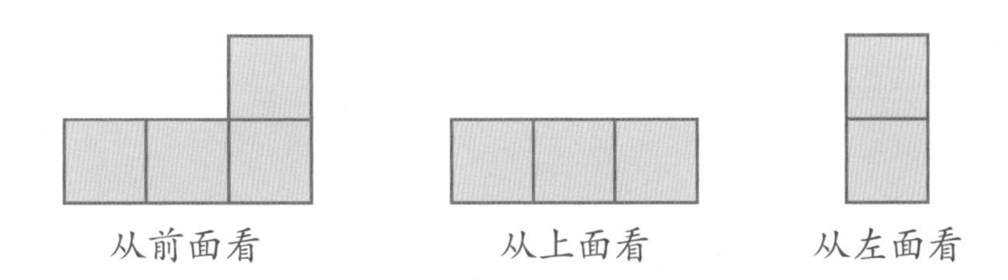

完全正确！忽影洞的亮度又增加了一些。

魔法墙还在不停地变化出新的模样，并且速度越来越快。谷雨和魔法小精灵不停地看，不停地跳，玩儿得不亦乐乎！

没用太久时间，忽影洞就完全亮起来了。谷雨和魔法小精灵也都折腾得满头大汗，停了下来。

魔法小精灵气喘吁吁地说：“这样一边玩儿一边学数学，太有意思了，就是有点儿累。”

谷雨点点头：“以前我总觉得学数学就是做题，现在才知道**通过做游戏也可以学数学**啊。”

“祝贺你，又发现了一个学习数学的秘诀！”魔法小精灵飞过去跟谷雨击了个掌。

她这么一说，谷雨倒有点儿不好意思了：“这还得谢谢你呀！那么，下面我们要去哪里？”谷雨摩拳擦掌，有些跃跃欲试了。

数学小博士

谷雨认真观察，积极思考，找到了魔法墙中藏着的数学秘密：原来同一个立体图形，从前面、左面、上面看到的图形可能是不一样的。

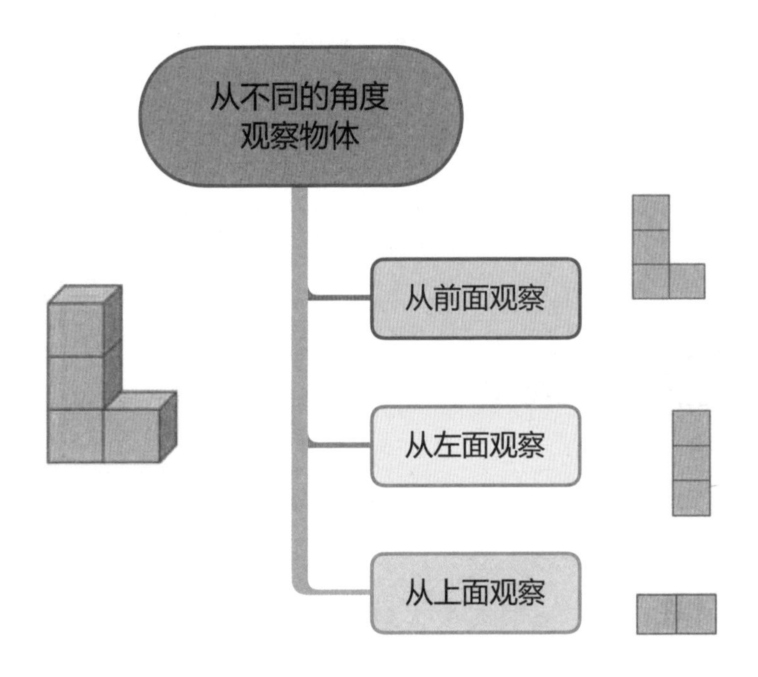

从不同的角度观察，了解物体的整体特征，有助于我们更好地学习数学图形，计算图形面积。同样的，在日常生活中，我们考虑问题不妨换个角度想一想，也许会有不同的发现呢！

如果站在不同的位置，观察下面这个由正方体组成的几何体，看到的图形会是一样的吗？如果不一样，又分别是什么形状呢？请你来帮魔法小精灵看一看，画一画。

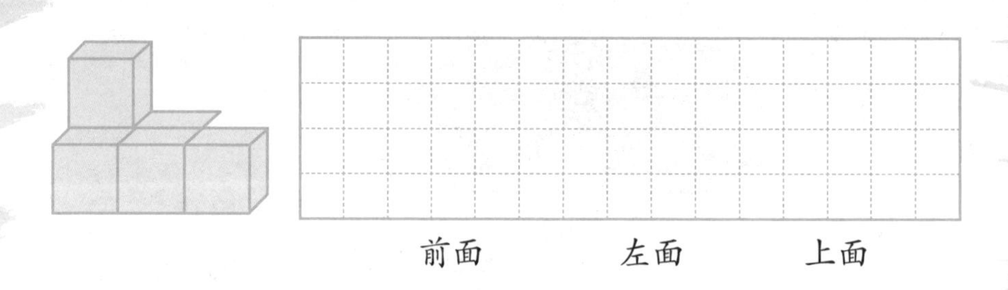

温馨小提示

这个几何体由六个小正方体组成。从前面看，可以看到四个正方形；从左面看，可以看到三个正方形；从上面看，可以看到五个正方形。它们的形状如下图。

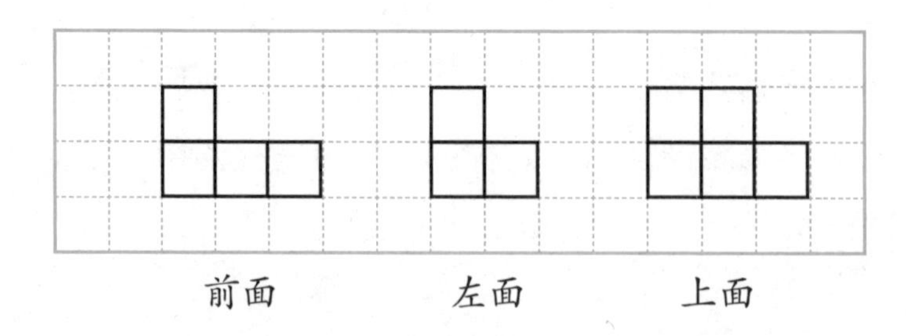

你画对了吗？请你再想想，如果从后面、右面、下面观察这个几何体，又会是什么形状呢？你还能再把它们画出来吗？

第五章

启动魔法船

——用字母表示数

出了忽影洞，魔法小精灵想带谷雨飞往魔法桥。她拉着谷雨的手，念起了咒语："极速飞行，飞——"

可是，这一次他们却飞不起来了。

"魔法怎么失灵了？"

魔法小精灵正在纳闷儿，谷雨突然惊叫起来："快看，起雾了！"

忽影山山底弥漫起团团浅灰色的雾，而且这雾越来越大，越来越浓。

"瘴气！这是精灵王国的瘴气！"魔法小精灵也惊讶地叫起来。

"精灵王国有瘴气？很厉害吗？"见魔法小精灵都这么吃惊，谷雨就更好奇了。

"这些瘴气可以屏蔽掉精灵们的魔法，难怪飞不起来了。"魔法小精灵皱着眉说。

"除了飞行，精灵王国就没有什么别的交通工具吗？"这是谷雨刚刚在忽影洞得到的启发，**看问题要学会变换角度**，这条路走不通就换条路嘛。

"有啊，有啊！我们有魔法船！"一个清脆的声音从他们身后传来。

谷雨和魔法小精灵回头一看，说话的是一只通体黑色的鸟。这只

鸟的尾巴长长的，还泛着光泽，尾巴上的羽毛向上方卷曲着。

“你见过魔法船吗，小黑鸟？”魔法小精灵也不认识这是什么鸟。

“唉，果然是一个没见过世面的幼小精灵。”小黑鸟噘了噘嘴巴接着说，“魔法船可是我黑卷尾专用的交通工具哟。虽然我可以借给你们用，不过你们想启动它可不简单。”

说完，黑卷尾毽子似的长尾巴左右摆动了两下，一艘红棕色的魔法船就出现在他们眼前。

这艘魔法船尖尖的，窄窄的，前面没有方向盘，却有一个键盘和一个显示屏，键盘上有**数字和字母**。

“要怎么才能启动它呢？”谷雨站进魔法船里，问黑卷尾。

“我们家族有规定，外借魔法船的话，借用人在每次启动魔法船时，都要先输入准确的**路程、时间和速度**的数据。”黑卷尾解释道。

“路程、时间和速度？”魔法小精灵似乎没有听懂，“听起来好复杂呀。”

“我们好像学过，让我想想……”谷雨努力回想大张老师在数学课上说过的话，“**路程 = 速度 × 时间**，对，大张老师就是这么说的。可是我们没有具体数据，这要怎么计算？”

谷雨沉默了一会儿，转头对魔法小精灵说：“咱们先**确定速度**吧，800 米 / 分钟怎么样？我记得老师说过汽车开慢一点儿大概就是这个速度。”

“我觉得可以。”魔法小精灵点点头。

谷雨在键盘上敲了一通后，屏幕上显示出一行字：本次行驶速度是 800 米 / 分钟，请确定路程。

魔法小精灵挠了挠头：“就这一个条件怎么确定行驶的路程呢？我还真不知道从这里到魔法桥到底有多远，我一般都是用魔法飞行，不需要知道距离。”

谷雨也摸着下巴思索起来：“是呀，如果知道时间，**用时间乘速度就是路程**。1 分钟是 800 米……”

“2 分钟呢？”

“800×2=1600（米）。”

“3 分钟呢？”

“800×3=2400（米）。”

……

“停！停！停！”黑卷尾听不下去了，“如果知道时间，问题早就解决了呀。你们俩这样没完没了地说下去也没用，还不如赶快想想怎么**确定时间**呢。”

谷雨和魔法小精灵不好意思地笑了笑。这时，谷雨忽然想起，从低年级开始他们就学过**用字母或符号来代替一些未知量**。他想了想，说：“时间不知道，那我们可以用字母来表示。如果用 t 表示时

间，那刚刚我说的那些 800×2、800×3 等，就可以用 $800\times t$ 表示了。”

说到这里，谷雨用键盘输入了一行字：时间是 t，路程是 $800\times t$。

魔法船突然剧烈抖动起来，差点儿把谷雨和魔法小精灵给颠到船外面去，黑卷尾赶紧展开翅膀飞到半空，又大声叫道：“你的答案可能有点儿问题。快想想，不然魔法船一定会把你们甩下去的！”

魔法小精灵灵机一动说：“数字和字母相乘是不是还有什么规则？”

这句话提醒了谷雨，**数字和字母相乘的时候，数字要写在字母的前面，乘号可以不写**。于是他一手紧紧抓住船舷，一

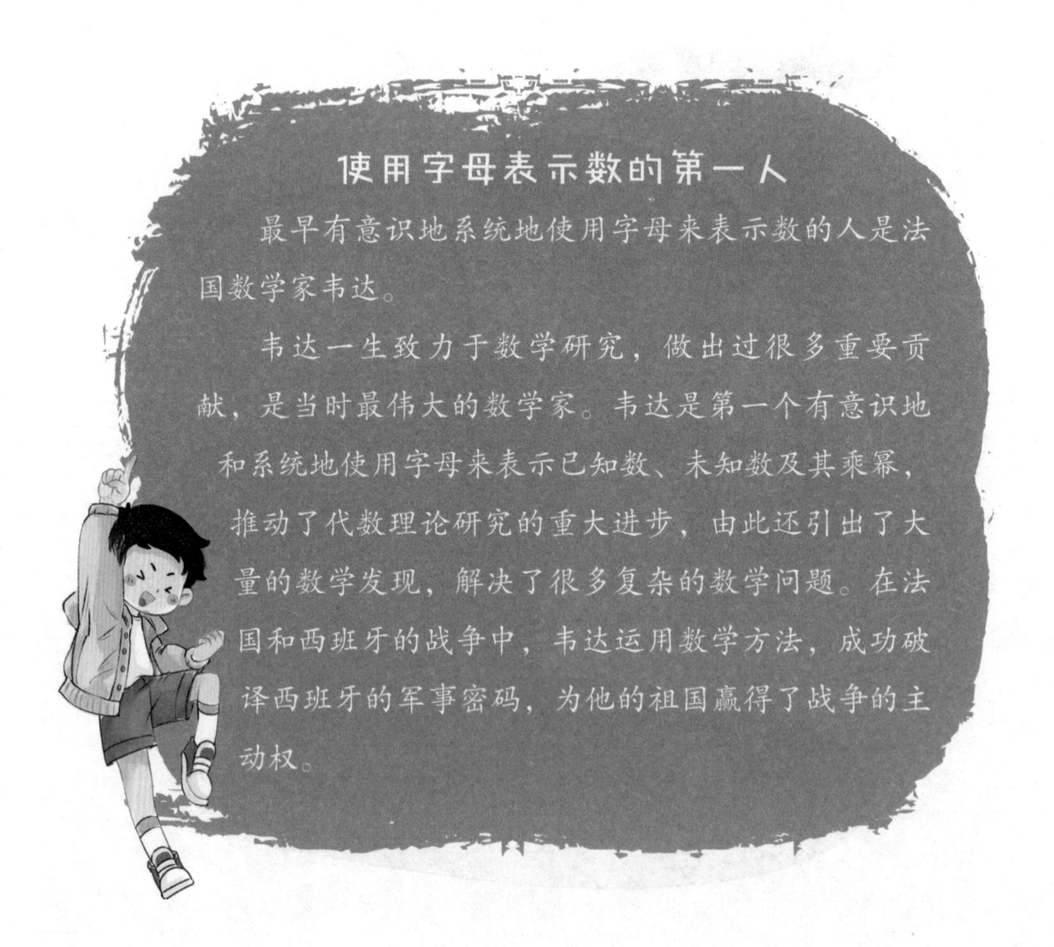

使用字母表示数的第一人

最早有意识地系统地使用字母来表示数的人是法国数学家韦达。

韦达一生致力于数学研究，做出过很多重要贡献，是当时最伟大的数学家。韦达是第一个有意识地和系统地使用字母来表示已知数、未知数及其乘幂，推动了代数理论研究的重大进步，由此还引出了大量的数学发现，解决了很多复杂的数学问题。在法国和西班牙的战争中，韦达运用数学方法，成功破译西班牙的军事密码，为他的祖国赢得了战争的主动权。

手敲击键盘，去掉了乘号，改成了“$800t$”。

谷雨输入完毕后一敲回车键，键盘发出了蓝色的光，接着魔法船也发出了淡淡的蓝光。

“答对了，祝你们旅途愉快！”黑卷尾替他们开心，忍不住鸣叫起来。

这叫声悦耳动听，是谷雨听过的最好听的鸟鸣声。

“突突突——”一阵好像发动机启动的声音响起，魔法船的船头逐渐上扬，船身微微地晃动，缓缓地离开了地面。

魔法船终于启动啦！

魔法船载着谷雨和魔法小精灵冲出了忽影山的瘴气，向魔法桥的方向飞去。

在路上，魔法小精灵提出了自己的疑问：“刚才你启动魔法船的时候，居然能想到用字母表示不知道的数，你可真厉害！”

谷雨得意地眨了眨眼睛。

其实**用字母表示名词**在日常生活中很常见，爸爸寄快递常用的是邮政速递“EMS”，妈妈有好几张上面写着“VIP”的会员卡。谷雨记得，**用字母表示数**也并不陌生，妹妹小雪和爸爸算“24点”时用的扑克牌上也有字母，不同的字母代表不同的数字，“A”代表1，“K”代表13。谷雨还想到了，在四年级的时候，大张老师教过他们**用字母式子表示运算规律**，比如$a+b=b+a$，$a \times b=b \times a$，$(a \times b) \times c=a \times (b \times c)$……

想到这里，谷雨忽然一拍巴掌：“我又想到了！刚刚我们是先设置了速度，再假设时间去求路程，最后其实是得到了‘$s=800t$’这个算式。先知道时间也是相同的道理。如果都不知道具体的数值，也可以全用字母来表示，用 s 表示路程，v 表示速度，t 表示时间，三者之间的关系就是 $s=vt$。”

魔法小精灵扑扇着翅膀说:“哇，今天我又知道了一个关于数学的新秘密！”

“我们越来越聪明了！”谷雨高兴地欢呼起来。

魔法船载着他们一路向前。没过多久，谷雨就看见了魔法小精灵要带他去的那座漂亮的魔法桥。

你知道吗，字母在数学中是一种神奇的符号，可以表示不同的意思，就像魔法咒语一样，有着非凡的魔力。

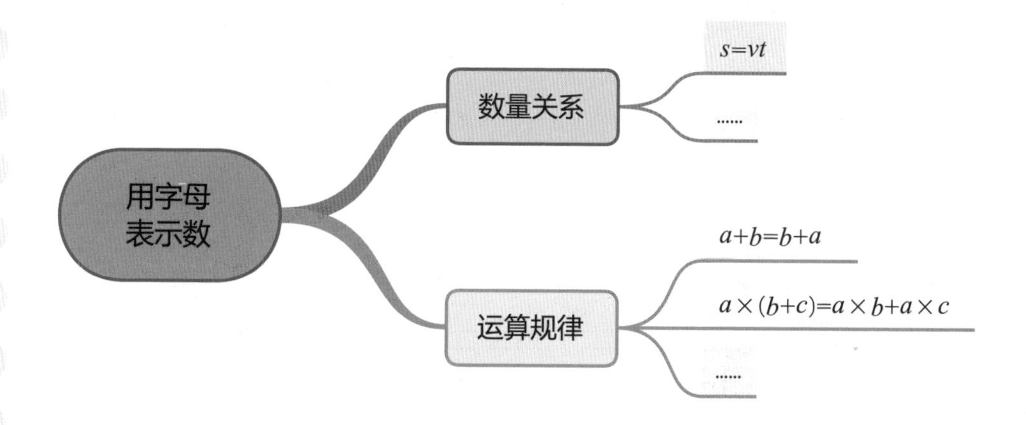

在数学计算时，用字母代替数字是常用的办法，很多地方都离不了。

可以用来表示数量之间的关系，比如：s（路程）$=v$（时间）$\times$ t（速度）等。

可以用来表示运算的规律，比如：$a+b=b+a$，$a\times(b+c)=a\times b+a\times c$ 等。

在数学世界里，藏着许多秘密。如果我们仔细观察，认真思考，大胆假设，小心求证，一定会发现很多有趣的规律。

魔法船上的字母公式，打开了我们对未知数量的新认识，让我们一起来坐一坐魔法船，升级自己的数学魔法吧。

据魔法小精灵说，从忽影洞到魔法桥有两条路线可以走，每条路线需要使用不同级别的魔法才能通行。

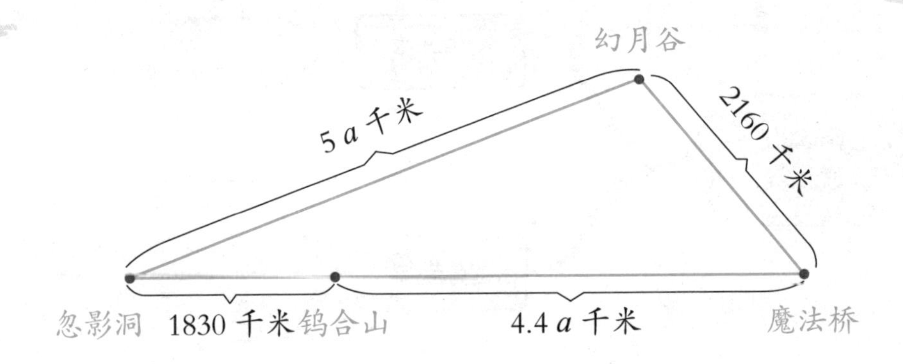

初级魔法：从忽影洞经过钨合山到达魔法桥，一共要行（　　　）千米。

高级魔法：从忽影洞经过幻月谷到达魔法桥，一共要行（　　　）千米。

两条路线相比较，经过钨合山的路线要比经过幻月谷的路线近（　　　）千米。

初级魔法：从忽影洞经过鸽合山到达魔法桥，一共要行 $1830+4.4a$ 千米。

高级魔法：从忽影洞经过幻月谷到达魔法桥，一共要行 $5a+2160$ 千米。

两条路线相比较，经过鸽合山的路线要比经过幻月谷的路线近 $(5a+2160)-(1830+4.4a)=0.6a+330$ 千米。

如果你也有机会乘坐魔法船，别忘了使用魔法走近一些的路线哦！

第六章

06

还原魔法桥

——小数的意义和性质

谷雨第一次见到直通天际的魔法桥，忍不住赞叹起来：“这座桥可真壮观啊！”魔法小精灵却皱着眉直摇头：“不对，不对，一定是出了什么问题。”

“怎么了？”谷雨好奇地问。

魔法小精灵看上去很困惑：“魔法桥原本是七彩的，怎么现在变成白色的了？”

这时，站在桥栏杆上的一只白色鹦鹉飞过来搭话：“这个说来就有点儿尴尬了。今天早上我用错了魔法，不小心把魔法桥变成了白色。现在它恢复起来有点儿麻烦。”

魔法小精灵认识这只白鹦鹉，他是守桥的护卫。

白鹦鹉上下打量着谷雨说：“你就是我们精灵王国的小客人谷雨吧？我听精灵植物园的七星瓢虫提起过你，听说你数学很厉害啊。”

“啊？数学很厉害？”谷雨猛地听见别人夸自己数学厉害，竟然有点儿不好意思了。

魔法小精灵笑着看向谷雨：“看来，你闯过前面几关的事已经传遍精灵王国啦。”

白鹦鹉在谷雨旁边飞了两圈儿，急切地请求道：“谷雨，请你快帮帮我吧！**魔法桥的七彩光**被锁在了七个门里面，可是以我的能力解不开门上的密码。”说着说着，他又变得沮丧起来。

“好吧，你先别着急，让我来试一试。”谷雨冲白鹦鹉点了点头。他一直是个非常热心肠的孩子，而且他现在对解数学难题已经有信心了。

“我也来帮忙吧，也许需要用到一些魔法。”魔法小精灵也干劲儿十足。

于是，谷雨和魔法小精灵一起走上了白色的魔法桥。

刚踏上魔法桥，他们的面前就出现了一道红色的门。

“呀，这里有一行字，应该是**解锁密码的题目**。”魔法小精灵有了新发现。

“1000 里面有（　　）个 100。”谷雨读出题目，高兴地笑起来，“哈哈，这也太简单了吧！这道门的密码应该是 10。”

魔法小精灵用魔法在括号里填上了密码。

唰！门果然开了。谷雨和魔法小精灵穿过这道门，他们身后的魔法桥上立刻出现了一道**红色**。

接下来他们又通过了第二道门、第三道门，给魔法桥新增了**橙色**和**黄色**。这两道门的题目对谷雨来说同样没有一点儿难度，分别是：100 里面有（　　）个 10，10 里面有（　　）个 1。谷雨立刻说出了答案，都是 10。

不过，在第四道绿色的门前，谷雨被难住了：1 里面有（　　）个 0.1。

这个问题，大张老师好像没讲过，要不然就是自己上课时胡思乱想，没有听到老师讲的内容。

“这个数看着有点儿特别。”魔法小精灵指了指“0.1”说。

“0.1 是一个**小数**。”谷雨点头。

“小数就是一个很小的数吗？”魔法小精灵没听说过这个名词。

“不能这么说。**小数是不能用整数表示时使用的一种数。**”这是谷雨对于小数的认知。

“小数小数，情景出现！”魔法小精灵念起咒语，他们眼前马上出现了一个画面：一位妈妈正在帮助孩子测量身高，孩子身后的墙上写着 1.1，1.2，1.3……”

“我看到了，小数可以出现在身高的测量中。”魔法小精灵激动地说。

身高？对了！

谷雨想起一件事，上周测量身高时，妈妈说他的身高已经有 1.48 米了。当时谷雨还问妈妈 1.48 米是多高，妈妈说 1.48 米就是 14.8 分米，也是 148 厘米。

谷雨按这个**规律**算了起来："按这样算的话，1 米就是 10 分米，也就是把 1 米平均分成 10 份，每一份是 1 分米，就是 $\frac{1}{10}$ 米，写成小数的话就是 0.1 米。那么 1 米里面应该有 10 个 0.1 米。"

"你说得对。那么1里面就是有10个0.1 喽。"魔法小精灵听明白了。

谷雨自信地让魔法小精灵把 10 填在括号里，魔法桥上马上又出现了一道**绿色**。

谷雨和魔法小精灵信心倍增，继续向前走。第五道门上的题目是：0.1 里面有（　　）个 0.01。

谷雨受到刚才题目的启发，告诉魔法小精灵："1 米等于 100 厘米，那么 1 厘米就是 $\frac{1}{100}$ 米，写成小数是 0.01 米。由于 1 分米等于 10 厘米，所以 0.1 米里面就应该有 10 个 0.01 米。"

"嘿，谷雨，你现在可真是越来越厉害了！这次我来输入密码吧。"随着魔法小精灵填上了密码"10"，魔法桥上又出现了**青色**。

"为什么这几个门上的密码都是 10 呢？"魔法小精灵想到一个新问题。

"我明白了。"谷雨想了想说，"**0.1 和 0.01 都是小数的计数单位，每相邻两个计数单位之间的进率都是 10。**"

谷雨和魔法小精灵兴奋地讨论起来，这时白鹦鹉站在栏杆上说："谢谢谷雨，魔法桥已经恢复了五种颜色，看上去舒服多了。不过，还缺两种颜色呢。"

"啊，对！魔法小精灵，我们别耽误时间啦，还有两个密码没有解开呢，继续进发！"谷雨停下讨论，一挥胳膊，大步向前走去。他对自己非常有信心。

第六道门解锁密码的题目是：0.10 ◯ 0.1。

"嘿，这题不就是比较大小嘛！"谷雨看着这题型觉得很熟悉，"不过，两个小数要怎么**比大小**呢？"

"这还不简单吗？掰着手指头数一数就知道了。"魔法小精灵伸出手，又疑惑地摇摇头，"啊……小数好像没办法数啊。"

“别急，我有办法！1个0.01是0.01，2个0.01是0.02，3个0.01是0.03，……”谷雨认真地数着，“9个0.01是0.09，10个0.01是0.10。”

“0.10不就是0.1吗？”魔法小精灵发现了一个“亮点”。

“没错！0.10和0.1是相等的，所以第六道门的密码就是‘＝’啦！”谷雨开心地一拍巴掌，“像这样思考，我们还可以想到0.010＝0.01。”

“这样看来，在小数的末尾添上0或者去掉0，小数的大小是不变的呢。”魔法小精灵总结道。

谷雨重重一点头：“非常正确！**小数的末尾添上0或者去掉0，小数的大小不变。这是小数特有的性质。**”

谷雨和魔法小精灵越说越起劲儿，说得忘记了去写密码。白鹦鹉等不及了，自己把“＝”填了上去。魔法桥一闪，**蓝色**也回来啦！现在就还差最后一种颜色了。

谷雨信心十足地来看第七道门上出现的题目：3.02 ◯ 3.002。他一看，直接就乐了：“哈哈，这道题和上一道是一样的啊。怎么会两个关卡出一样的题？一定是密码门出错了，答案还是‘=’！”

魔法小精灵一听，立刻想捂住谷雨的嘴。不过，已经来不及了，在谷雨说出答案的那一刻，桥下的河里突然喷出一股水柱，眨眼间，谷雨、魔法小精灵和白鹦鹉都被“水枪”射中，狼狈极了。谷雨边躲边说：“唉，都怪我！都怪我！我就说嘛，怎么可能两个关卡的题是一样的。”

在平时做练习题的时候，谷雨遇到不会做的题，总是嚷嚷着老师出错题了或印刷出错了，而妈妈总是叮嘱他**先不要急着下结论，**

再认真思考一下。他总是听不进去。没想到，他把这个坏毛病带到精灵王国来了。

被水这么一浇，谷雨冷静下来，决定再仔细研究一下这道题。他仔细回想着大张老师教过的数学知识，以及爸爸传授给他的解题技巧。

“每次做作业遇到不会的题，爸爸都会告诉我，让我仔细看题，一点一点来。**遇到复杂的题，可以拆开来一点一点破解**。看来，今天我要用到这个绝招了。”说完后谷雨认真看了看这两个数字，忽然想到了什么，“爸爸说过，有的时候笨办法就是好办法。那我就一**个数位一个数位地比较**吧，就**从最高位开始**。”

小数的历史（一）

小数是我国最早提出和使用的。我国自古使用十进制计数法，所以很容易产生十进分数，即小数的概念。第一个将这一概念用文字表达出来的是魏晋时的数学家刘徽。他在计算圆周率的过程中，用到了尺、寸、分、厘、毫、秒、忽等七个单位，对于忽以下的更小单位则不再命名，而统称为“微数”。宋元时，小数的概念得到了进一步的普及和更明确的表示。元代的刘瑾用算筹把小数部分降低一格来表示小数，是世界上最早的小数的表示法。

“3.02 和 3.002 中，最高位的数字都是 3，这是相同的；小数点后，第一位都是 0，也是相同的；小数点后第二位，2 比 0 大。哈！结果很明显，3.02 比 3.002 大，后边就不用比了。所以圆圈儿里应该填大于号！”

答案填进去的一刹那，**紫色**也回来了。不久前还是白色的魔法桥现在已经变得如彩虹般美丽，七种颜色交相辉映，流光溢彩。这才是真正的七色魔法桥啊！

“谢谢你们让魔法桥恢复了七彩光。我要送你们一袋精灵币表示感谢，相信你们一定用得上。”说着，白鹦鹉把一个沉甸甸的袋子交给了谷雨。

测量物体时如果得到的不是整数，就可以用小数或分数来表示。小数和分数有着密切的联系，小数是十进制分数的一种特殊表现形式。

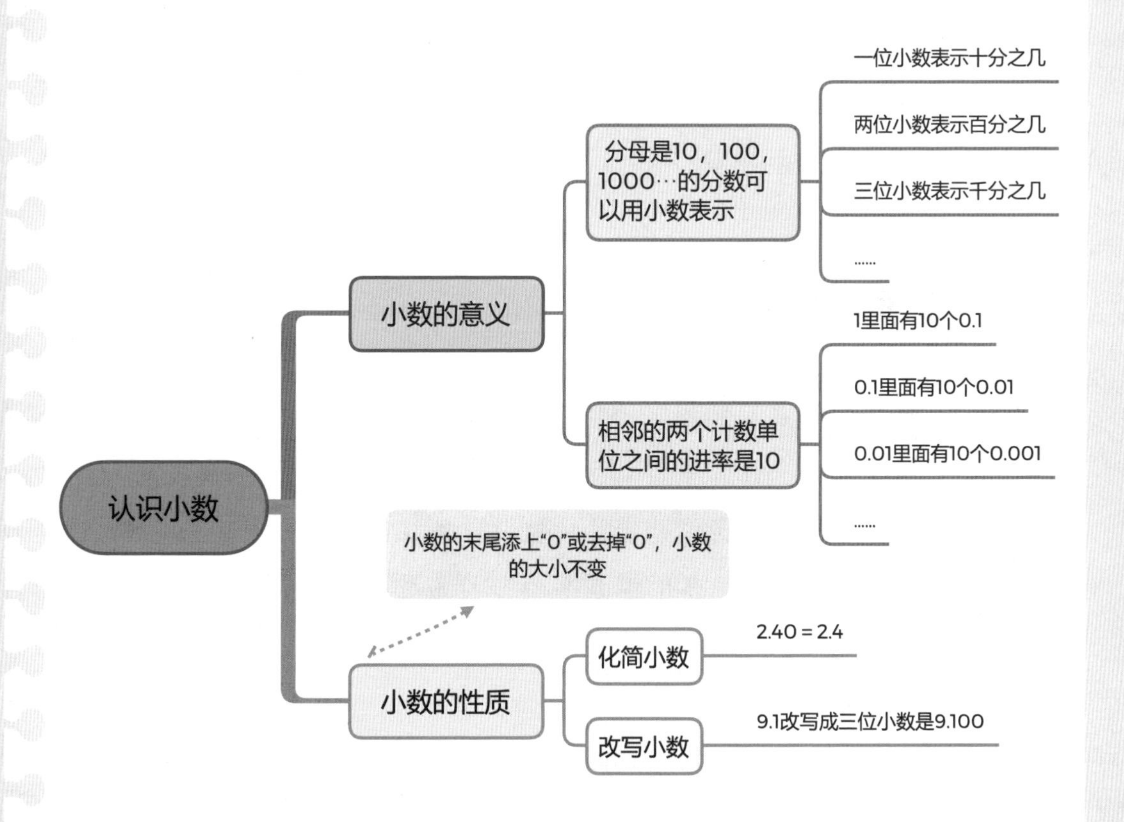

在探究数学问题时，可以从一个或几个已知的判断出发进行推理，再做出一个新的判断。就像谷雨解锁魔法桥上的密码一样，你也可以试着继续解锁数学学习的密码。

魔法桥因为谷雨的智慧而重放七彩光芒。你知道吗，如果白鹦鹉不小心又用错了魔法，魔法桥还是会变成白色的哦。不过，别急，使用你的智慧三棱镜，可以让魔法桥再变成七色桥。不信的话，一起来试一试吧。

请比较下面每组数的大小：

3.8 ◯ 2.79　5.14 ◯ 5.41　0.08 ◯ 0.008　16.30 ◯ 16.3

小数和整数虽然形式不同，但是也有很多相同的地方。比如，每相邻两个计数单位之间的进率都是10，比较两个数之间的大小时都要从最高位开始，一位一位地往低位比。

3.8 > 2.79　最高位都是个位，且数字不同，直接比较个位上的数字。3 > 2。

5.14 < 5.41　最高位都是个位，且数字相同，就比较十分位上的数字。1 < 4。

0.08 > 0.008　个位和十分位上的数字都相同，就比较百分位上的数字。根据小数的性质，把0.08看成0.080，8 > 0。

16.30 = 16.3　根据小数的性质，把16.30看成16.3，所以两个数相等。

第七章

影子恢复器

——小数的加法和减法

有了精灵币以后，谷雨和魔法小精灵想去买一些魔法道具，以备不时之需。于是，他们走进了魔法桥附近的一家精灵商店。

这家精灵商店有两层，第一层是魔法道具专卖区，第二层是精灵生活用品专卖区。他们先在第一层逛了逛。第一层摆满了各种奇奇怪怪的魔法道具，看起来很有意思。谷雨看看这个，摸摸那个，忽然他一抬头，被一件蓝色的衣服牢牢抓住了眼球。要知道谷雨最喜欢的颜色就是蓝色了，于是他忍不住伸手想摸一下。就在他的手触碰到那件衣服的时候，奇怪的事情发生了。

“您好，我是**影子恢复器**，价格 36.36 精灵币。要想知道我的详细功能，请按右下角的口袋。”衣服竟然开口说话了。

谷雨吓了一跳，这件衣服竟然会说话！他又伸出手，用一个指头按了一下衣服右下角的口袋。一声提示音响起，衣服便开始介绍起来：“如果您的影子不见了，只要穿上这件魔法外套，影子就会回到您身边啦！要得到这件魔法外套很简单，只要把 36.36 精灵币放在右边的口袋里，它就属于您了。”

在刚进入精灵王国的时候，谷雨的影子就消失了，难道有了这个影子恢复器，影子就会回来了吗？谷雨正在歪着脑袋思考这个问题，

魔法小精灵催促道：“快买下来吧，只要 36.36 精灵币就可以恢复你的影子了。”

谷雨翻了下口袋才发现，精灵币和人民币完全不一样。人民币都是整数面值的，而精灵币是各种**小数面值**的。“这里面只有面值 1.32 的、面值 2.43 的、面值 2.21 的、面值 3.51 的……就是没有面值 36.36 的精灵币呀。”谷雨皱着眉说。

“你可以多拿几个加在一起用。”魔法小精灵提醒他。

“这些精灵币上都是小数，可我还不知道**小数怎么相加**。”谷雨发愁了。

魔法小精灵见状，问道：“那你们人类世界的钱是怎么算的呢？你用过零钱吗？”

谷雨想了想，说:“我经常去超市买零食，结账前，会算算几样零食一共多少钱，那些几角几分的零钱需要凑在一起算。”

“那精灵币的计算方法应该也差不多。”魔法小精灵点点头。

“我来试试看。”谷雨取出了 1.32 精灵币和 3.51 精灵币，嘴里嘟嘟囔囔地算起来，“把 1.32 看作 1 元 3 角 2 分，3.51 看作 3 元 5 角 1 分，相加后等于 4 元 8 角 3 分，也就是 4.83 元。”

“听你这么算，我也懂了，只要是**单位相同的数放在一起加**就可以了。”魔法小精灵发现了规律。

“**相同的钱的单位可以看作相同的计数单位。**我们可以试着列一个竖式来计算。”谷雨让魔法小精灵变出了一支笔和一张纸，然后边写边接着说，“我记得大张老师说过要**把相同的计数单位对齐**，也就是在计算的时候，先把 1.32 和 3.51 的**小数点对齐**，然后**从最低位加起**，把百分位、十分位和个位上的数字分别相加，就可以得到结果啦！”

$$\begin{array}{r} 1.32 \\ +\ 3.51 \\ \hline 4.83 \end{array}$$

“那么，**两个小数相减**也可以用这样的方法计算吧？”魔法小精灵也知道举一反三了。

“你说得对。假如要算 3.51 比 1.32 大多少，也要先把 1.32 和 3.51 的**小数点对齐**，然后**从最低位减起**，把百分位、十分位和个位上的数字分别相减，就可以得出结果。”平时大张老师千叮万嘱也记不牢的知识，忽然全出现在谷雨的脑子里。

$$\begin{array}{r} 3.51 \\ -\ 1.32 \\ \hline 2.19 \end{array}$$

“现在，一般的问题已经难不倒你啦！”魔法小精灵不放过任何一个鼓励谷雨的机会，其实她知道精灵币怎么用，但是她并没有直接说出来，而是让谷雨自己去计算，因为这样谷雨的数学才能变得越来越厉害。

“不过可真麻烦啊，这些小小的面值要加好多次才能加到 30 多

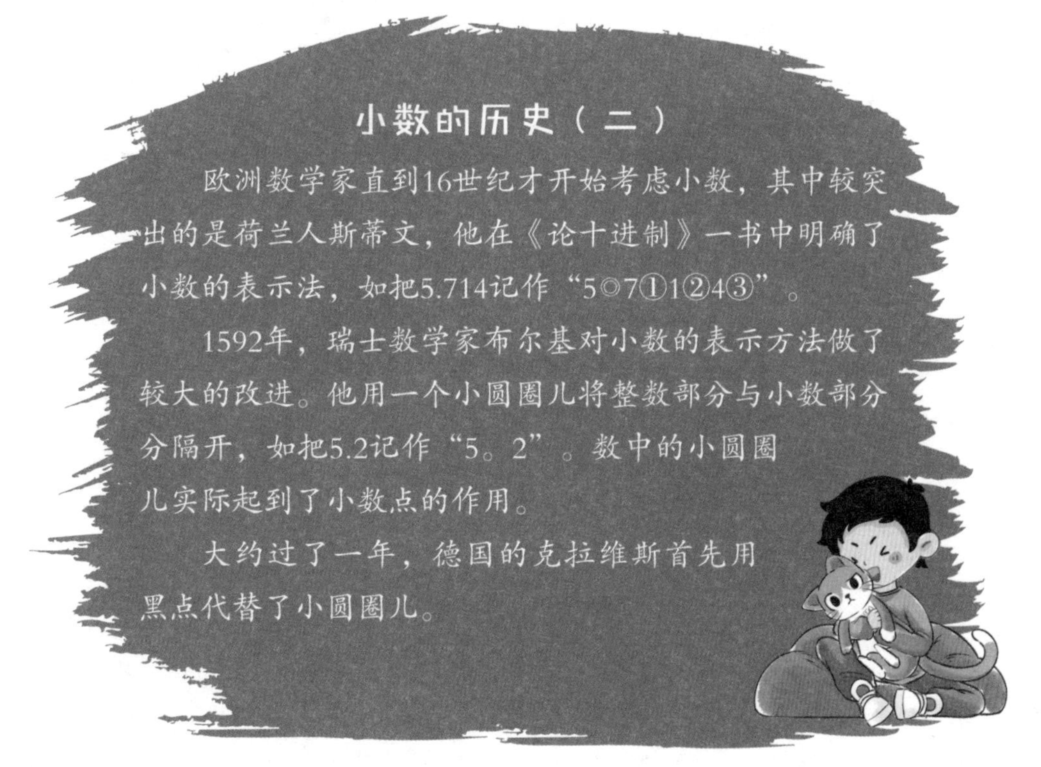

小数的历史（二）

欧洲数学家直到16世纪才开始考虑小数，其中较突出的是荷兰人斯蒂文，他在《论十进制》一书中明确了小数的表示法，如把5.714记作“5◎7①1②4③”。

1592年，瑞士数学家布尔基对小数的表示方法做了较大的改进。他用一个小圆圈儿将整数部分与小数部分分隔开，如把5.2记作“5。2”。数中的小圆圈儿实际起到了小数点的作用。

大约过了一年，德国的克拉维斯首先用黑点代替了小圆圈儿。

呢。”谷雨觉得还是有些困难，因为他尝试加了几次都还没加到 36.36 精灵币。

“这样一次一次地加是有点儿麻烦，要是能让**多次相加**变得简单点儿就好了。”魔法小精灵已经想到了关键点，趁机提示谷雨。

“简单点儿？对了，如果想办法用**乘法计算**，是不是可以简单点儿？我可以先用乘法，再用加法。不过我只算过整数乘法，小数乘法还没学过。”谷雨没有太大把握。

“其实道理是一样的，比如这个面值 1.21 的精灵币，你拿 10 个试试。”魔法小精灵继续提示他。

谷雨从袋子里取出了 10 个面值 1.21 的精灵币说：“10 个 1.21，也就是 1.21×10，让我先用笨办法加起来算算。”

把 10 个 1.21 相加可没有那么容易，谷雨中间算错了几次，花费

了很长时间才算明白，原来 1.21×10=12.1。盯着这个结果，谷雨突然发现了什么："你发现了吗？ 1.21 乘 10 的结果，就是把 1.21 的**小数点向右边移动了一位**。"

"确实是这样，那么 1.21 乘 100，乘 1000，只要把**小数点分别向右移动两位和三位**就是正确结果啦。"魔法小精灵按捺不住激动的心情，高兴地绕着谷雨转起了圈儿。

而谷雨就更厉害啦，他经历了在精灵王国解锁各种密码，已经学会推理了："根据这个规律，反过来，3.51 除以 10，除以 100，除以 1000，**小数点**就应该**分别向左移动一位、两位和三位**。"

"哇，你真是个数学小天才了呢！"看着谷雨认真的样子，魔法小精灵既开心又佩服。

谷雨害羞地笑了笑，低头看着精灵币说："现在已经有 12.1 精灵币了，还差得多呢。让我想想……"

说着，谷雨又拿出 10 个面值 2.11 的精灵币，这次他直接就算出来了，这一共是 21.1 精灵币。他喃喃自语道："21.1+12.1=33.2，36.36−33.2=3.16。快快，再找一个面值 3.16 的精灵币就够了。"

两个小家伙在袋子里翻啊翻啊，真的找到了一枚面值 3.16 的精灵币。

这下终于凑齐了。谷雨按魔法小精灵的指示，把这些精灵币放进了衣服的口袋，提示音再次响起："您已成功支付，请收好影子恢复器。"声音刚结束，蓝色的衣服从货架上飘落下来，缓缓地飘到谷雨面前。

谷雨伸开双臂，想去接住它，谁知神奇的蓝色衣服一下从他的头顶套了进去，自动穿到了他的身上。

“嘿，你穿蓝色的衣服还挺好看的。”魔法小精灵拍着手说。

“蓝色是我最喜欢的颜色，我想应该很不错。”谷雨也觉得开心。

“看，你的影子回来了！”魔法小精灵指了指地上，谷雨低头一看，真的看到了自己的影子。

“我又有影子啦！我又有影子啦！”谷雨开心地拉着魔法小精灵的手，在原地转了几个圈儿。他现在非常感谢魔法小精灵把自己带到精灵王国，这个充满着神秘数学元素的地方，让他收获了很多数学知识，对学习数学也越来越感兴趣了。

接着，谷雨又在精灵商店购买了一个**“身高恢复器”**。这次他算起账来熟练多啦！

精灵商店的道具真的有魔力，谷雨喜欢的蓝色衣服原来是“影子恢复器”。那可不是仅仅用精灵币就能买到的，还要用上数学的魔力。

在谷雨买东西的过程中，我们可以知道，小数和整数一样，也是十进制计数的，而且只有相同计数单位上的数才可以相加减。同样，整数加减混合运算与简便运算的规律，在小数加减法中也同样适用哦。

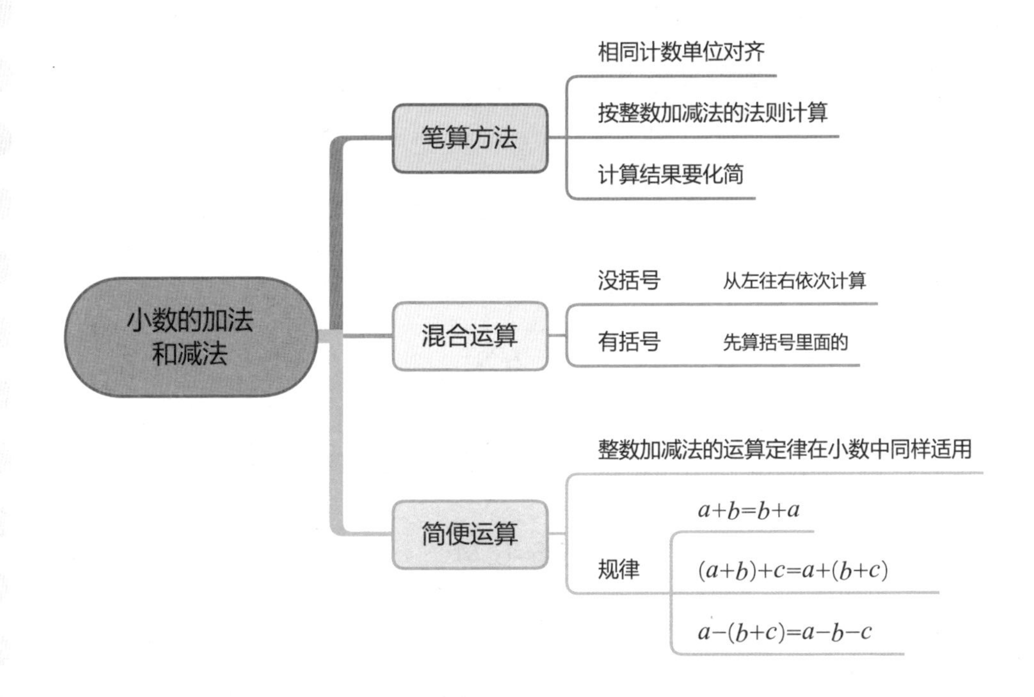

在数学学习中，可以根据知识点之间的联系，融会贯通，举一反三，构建学习同类知识的基本模型。这样，你拥有的数学魔力会越来越强大。

谷雨和魔法小精灵又一次来到了精灵商店。这次他们买了几样东西，需要计算这样的几个算式，你来帮他们算一算吧。

3.13+1.37　　10−3.26　　15.37−（6.3+4.37）

小数加法和减法在笔算的时候，要把小数点对齐，最后的结果要根据小数的基本性质进行化简。

3.13+1.37=4.5

$$\begin{array}{r} 3.13 \\ +\ 1.37 \\ \hline 4.5\not{0} \end{array}$$

根据小数的基本性质，画去小数末尾的“0”。

10−3.26=6.74

$$\begin{array}{r} 10.00 \\ -\ 3.26 \\ \hline 6.74 \end{array}$$

根据小数的基本性质，把10改写成10.00再计算。

$$\begin{aligned}&15.37-(6.3+4.37)\\=&15.37-4.37-6.3\\=&11-6.3\\=&4.7\end{aligned}$$

根据 $a-(b+c)=a-b-c$ 的规律进行简便计算。

认真细心，灵活计算，你有没有成功买到喜欢的商品呢？

第八章

时间转换仪

——小数的乘法

“你已经找回自己的影子，也恢复了身高。”魔法小精灵看了看恢复原样的谷雨，满意地点着头，“你的数学水平越来越高啦！”

“我突然有点儿想爸爸妈妈和妹妹，想回家了。”谷雨看着自己的影子说。

“你想回去了吗？那咱们得先去找到‘**时间转换仪**’，用它把你在这里的时间转换一下。”魔法小精灵说。

就在这时，他们听到一阵细碎的脚步声，一只小松鼠蹦蹦跳跳地出现了：“嗨，你们好！我是精灵商店的看护者，欢迎选购商品。”

“啊？精灵商店有售货员啊！我还以为是无人售卖商店呢。”谷雨惊讶地说。

“这里卖的东西都是有魔力的，客人只需要付出**相应数额**的精灵币就可以把物品拿走，用不着售货员。不过，店里的卫生啊，货物的摆放啊，还是需要有人来做的。”小松鼠拍了拍身上的灰尘。

“那你一定对店里的东西非常熟悉啦。”魔法小精灵赶紧问，“我们需要一个时间转换仪，它在哪里？”

“时间转换仪？这个……可能有点儿难办。”小松鼠为难地说，“不瞒你们说，我已经找了它很长时间了，但还没有找到。”

原来，小松鼠并不是一只精灵，而是一只来自人类世界的普通松鼠。他由于误闯精灵王国，伤了在树林里玩儿的蝴蝶精灵而接受惩罚，成了精灵商店的一名看护者。

作为一名前辈，小松鼠觉得有义务提醒这个新来的伙伴："哎，亲爱的小同学，你还不知道你现在多少岁吧？"

"我 11 岁呀。"谷雨觉得小松鼠问得莫名其妙，他怎么可能不知道自己几岁。

"那是你在人类世界的年龄，**精灵王国的 1 天相当于人类世界的 1 年**，等你回去的时候可就不是这个年龄喽！"小松鼠无奈地摇了摇头。

谷雨突然一惊，赶忙算了算时间，"我在精灵王国待了 8 天，相当于人类世界的 8 年，也就是说我回去的时候**已经快 20 岁**了？天哪，那爸爸、妈妈、同学和老师还认识我吗？"谷雨急了。

"嘿嘿，肯定不认识啦！"小松鼠眼珠一转，跟谷雨开起了玩笑，"要不，你留在这里和我一起看护精灵商店吧？"

"不不不，我必须得回去，我的家人都很爱我，同学们对我也很友好。"谷雨立刻拒绝了。

"只有大张老师对你最严厉吧？"魔法小精灵忍不住笑着说。

"嗯，不过现在想起来大张老师也不错的。"谷雨耸耸肩说。

以前，谷雨最怕大张老师，因为每次一看见他就想起那些让人头疼的数学题。可是他在精灵王国走了这么一遭，解决了不少问题，还多亏了大张老师平时教的那些数学知识。谷雨决定回去以后一定要好好感谢大张老师。可是想到自己回去后的年龄，谷雨又哭丧着脸对魔法小精灵说："你不是说我回去的时候，就只过了几分钟，我家里人都不会知道吗？"

"你先别急。时间转换仪可以转换时间，保证让你在爸爸妈妈回去之前到家，并且按你们人类世界的时间，只过了几分钟而已。"魔法小精灵安慰谷雨道。这可是她在精灵魔法书上看到的，一定没有错。

谷雨、魔法小精灵和小松鼠一起寻找起时间转换仪，可是他们翻遍了精灵商店里的每个角落，都没有找到。

“时间转换仪你到底在哪里？快出来吧，我想回家！”谷雨无助地朝着天空大喊一句。忽然，货架上闪出一道耀眼的橙色光芒。

“你的声音触发了时间转换仪的能量，时间转换仪感应到你的呼唤了。”魔法小精灵激动地说。

谷雨跑到发光的货架前，看见了那个发光的……咦，怎么是一块手表？他正纳闷儿，手表开口说话了：“你们好，祝贺你们找到时间转换仪，请按要求支付精灵币。”说完，时光转换仪的屏幕上出现了支付说明：**转换 1 年时间需要 2.5 精灵币**，请按需支付，系统将自动设置年份数。

“你一共来了 8 天，要支付多少精灵币呢？”魔法小精灵问谷雨。

“应该是 8 个 2.5，只要用 2.5 乘 8 就可以了。”谷雨想了想说。

“你会算吗？”小松鼠怀疑地看着谷雨，“据我所知，只有数学成绩不好的人类，才有机会来精灵王国呢。”

“你说的那是以前的谷雨，”魔法小精灵自豪地说，“现在的谷雨简直就是一个数学小天才。他开启了精灵王国之门，打开了图形密室，启动了魔法船，帮白鹦鹉找回了魔法桥的颜色，刚才还从这里成功买到了两件商品呢！”

“那你还挺厉害呀。如果真是这样的话，那就赶紧支付精灵币购买时间转换仪吧。”小松鼠摆了个“请”的姿势。

“2.5 也就是 25 个十分之一，25 个十分之一乘 8 得到 200 个十分之一。”谷雨想到了根据**小数的意义**来思考，“所以应该是 200 个十分之一。”

“200？ 200 精灵币吗？这也太贵了吧！”魔法小精灵非常惊讶。

“不是，是 200 个十分之一，也就是 20.0。”

“确定是 20.0 吗？”小松鼠有点儿怀疑，这也太复杂了。

“我们可以**估计**一下，看 20.0 是不是合理。”谷雨想起大张老师经常提醒他们，计算时可以“**估一估**”。

“估计？什么是估计？这个我可没听说过，靠谱吗？”小松鼠不放心地问。

“通过估计，可以**看出得数的大致范围**。”谷雨解释说，“比如 2.5 小于 3，所以 2.5 乘 8 的结果一定小于 3 乘 8 的结果，也就是小于 24。”

“哦，好像很有道理。”魔法小精灵听明白了。

“这么看来，我觉得 20.0 应该是对的。”小松鼠也很认同。

“铺地锦”

“铺地锦”原是一种流传于阿拉伯的乘法古算法，明朝时传入我国。如46×75可以这样计算：

1.画一个包含2×2小方格的矩形，在上边和右边分别写下两个乘数。

2.用对角线把四个小方格一分为二，分别记录乘数各位数字的乘积。

3.三条斜线将大正方形分成了四部分，将四部分里的数字分别相加。从右下角蓝色部分开始计算，和的个位数写在下边和左边对应的方格线外，相加满10要向左侧的部分进一。

4.将方格左边与下边的数字依次排列，就能得到结果。

谷雨从口袋里拿出面值 20.0 的精灵币放入时间转换仪背面的凹槽中，并在显示屏上输入“20.0”。

可是，时间转换仪一点儿反应都没有。过了几秒钟，屏幕上显示出“输入错误”的信息。

“输入错误？怎么会呢？”谷雨把刚才的想法又回想了一遍，觉得没有问题，这是怎么回事呢？

“20.0，20.0……对了，根据**小数的性质**，20.0 **末尾的‘0’应该去掉**！”

“这个 0 的确感觉挺多余的。”小松鼠也明白了。

谷雨按下取消键，在时间转换仪的显示屏上重新输入了“20”。

刚输完最后一个数字，时间转换仪就飘过来，套在了谷雨的右手上。

“嘀——嘀——”时间转换仪发出了响声，“拥有了我，你**在精灵王国生活 1 天，相当于在人类世界离开了 1 分钟**。”

“啊，这我就放心了！”谷雨松了一口气。

“唉，要是我也能转换一下就好了。”小松鼠低着头，有点儿难过地说，“我是九天半前来的，如果没有时间转换仪，我回去时就是一只老松鼠了。”

“这个应该可以借给你用。”谷雨毫不犹豫地说，准备把时间转换仪取下来。

“注意，时间转换仪再次使用时，**转换 1 年时间需要 3.84 精灵币**，请小心使用！”时间转换仪的声音很甜美，但语气非常坚定。

“那这次应该是 9.5 乘 3.84，两个数都变成小数了。”魔法小精灵的头都大了。

“没错，两个都变成小数了……”谷雨若有所思地说。

“不会是算不成了吧？”小松鼠有点儿着急。

“我可没算过这种。我只算过整数，比如 95 乘 384。”说到这里，谷雨突然有了一个大胆的想法，“不如我们**先算整数，再把小数点加上**吧。”他想到大张老师说过，**新的知识可以转化成学过的知识来思考**。

“把 9.5 看成 95，把 3.84 看成 384，用 95 乘 384 得到 36480。”

“36480 太大了。”小松鼠跳来跳去，抱着头表示无法接受。

“是的，3.84 变成 384 是乘了 100，9.5 变成 95 是乘了 10，两个乘数一共乘了1000，所以还要用36480除以1000，小数点向左移动三位，得到 36.480。”

“末尾也有一个‘0’！”魔法小精灵听得很仔细，抢着说。

“对啦，把 36.480 末尾的 0 去掉，就是我们要支付的精灵币。”说完，谷雨放入对应面值的精灵币，并在显示屏上输入“36.48”。

$$\begin{array}{rcr} 3.84 & \xrightarrow{\times 100} & 384 \\ \times \quad 9.5 & \xrightarrow{\times 10} & \times \quad 95 \\ \hline 1920 & & 1920 \\ 3456 & & 3456 \\ \hline 36.48\not{0} & \xleftarrow{\div 1000} & 36480 \end{array}$$

神奇的时间转换仪闪着光芒缓缓飘到小松鼠的身边，套在了它的脖子上。

“拥有了我，你**在精灵王国生活 1 天，相当于在人类世界离开了 1 分钟**。”

“那你就是只离开了 9.5 分钟。”魔法小精灵笑着说。

“哈哈，我依旧是一只年轻的松鼠呀。”小松鼠开心地喊道，“谢谢亲爱的谷雨，你是我见过的数学最厉害的人！”

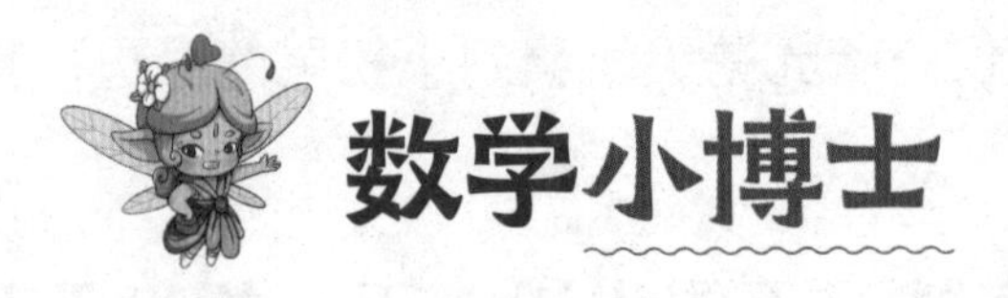

闪着橙色光芒的手表就是“时间转换仪”，不过要用数学知识才能开启时间转换功能呢。

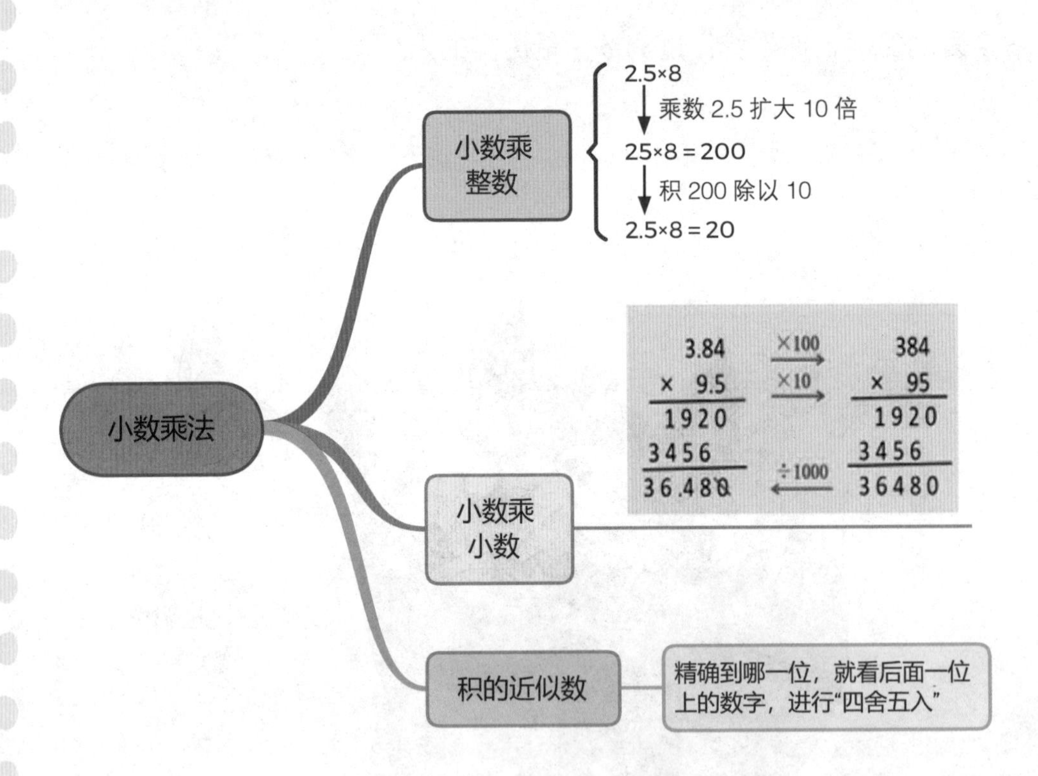

小数乘法其实并不复杂，只要把乘数中的小数先看成整数，按整数乘整数算出结果，然后看两个乘数一共扩大了多少倍，再把积缩小相同的倍数就可以了。

当然，也可以看两个乘数一共有几位小数，就从积的右边起数出几位，点上小数点。最后，别忘了根据小数的性质去掉小数末尾的“0”，将结果进行化简。

当我们学习一类新的数学知识的时候，可以充分运用我们学过的知识和规律，相互联系，推陈出新。数学的学习能力会在不断的锻炼中变得越来越强大。

或许，你也有机会开启具有转换能力的魔法手表呢。

谷雨在精灵商店找到并开启了时间转换仪，还用自己的智慧顺利转换了时间。其实，这个时间转换仪自身还可以变形呢。它可以根据使用者的爱好变成不同的物品、不同的形状。在谷雨拿到它的时候，它是一块圆形的手表。后来魔法小精灵又把它的表盘变成了一个长 0.36 分米、宽 0.26 分米的长方形。你能算出这个长方形表盘的面积吗？如果将结果精确到百分位是多少呢？

计算 0.36 乘 0.26 的时候，先把它当作 36 乘 26 来计算，然后根据积的变化规律给结果点上小数点，并求出近似值。

0.36×0.26=0.0936（平方分米）≈ 0.09（平方分米）

要从积的右边起数出四位点上小数点，位数不够时，在前面用“0”补足。

$$\begin{array}{r} 0.36 \\ \times\, 0.26 \\ \hline 216 \\ 72 \\ \hline 0.0936 \end{array}$$

积的千分位上是“3”，精确到百分位时应舍去。

答：转换仪表盘的面积是 0.0936 平方分米，精确到百分位约是 0.09 平方分米。

第九章

09

女王的难题

——确定位置

“数学最厉害的人？这个……我恐怕不是。”虽然听起来让人很开心，但是谷雨觉得自己还算不上。

“我觉得也差不多啦！”魔法小精灵却同意小松鼠的说法。

“数学最厉害的谷雨，我们可以一起回人类世界啦。”小松鼠还是坚持自己的说法。

“嘀嘀嗒嗒，嘀嘀嗒嗒——”不远处传来吹喇叭的声音。

“精灵狂欢节开始啦，精灵狂欢节开始啦——”一群五颜六色的鸟从他们头顶飞过，叽叽喳喳地传递着消息。

“呀，**精灵狂欢节！**这可是五年一次的盛会。”魔法小精灵惊喜地说。

“精灵狂欢节？那我们可以参加吗？”谷雨和小松鼠异口同声地问。

“可以呀。走，我带你们去。”魔法小精灵拉起谷雨的手，说走就走。

“不对，等等！我们还要装扮一下。”快到的时候，魔法小精灵想起了狂欢节的规则，那就是参加者需要乔装打扮一番。

“呼啦呼啦，变，变，变！”随着魔法小精灵念出魔法咒语，大家都变了模样。小松鼠被装扮成精灵法师，谷雨被装扮成小木偶，魔法小精灵则把自己装扮成精灵牧师的样子。

精灵狂欢节的大街上，可以看到各种装扮的精灵，公主、骑士、王子、卫兵……什么都有。但小木偶的出现显然让大家很意外，因为精灵王国里只有精灵和动物，大家没见过小木偶，所以几乎每个经过小木偶身边的精灵，都会友好地和他打招呼。

今天可是个大日子，精灵王国最高级别的精灵——精灵女王也来参加了。

“今天，我有一道难题向天下求解。如果有谁能解答出来，我将满足他的三个愿望。”精灵女王的话让热闹的精灵狂欢节安静了下来。精灵们窃窃私语，不知道会是什么样的难题。

精灵女王说："三年前，我们精灵王国的大法师云游四方前曾留下过一个预言，说将有一位小精灵在我老去之后，接替我的位置成为精灵王国的新女王。但是大法师没告诉我是哪一位小精灵，只是**在一个大大的棋盘上放了一颗棋子**。这三年来，我们想尽了办法，也没有破解出其中的奥秘，也没能找到预言中所说的那个继承人。现在我只好向大家求助啦！"

说完，她一招手，两个士兵哼哧哼哧地抬着一块巨大的棋盘过来了。只见棋盘**正面横着有 10 行格子，竖着有 10 列格子**，整个棋盘上的小方格看起来密密麻麻的，棋盘上只放了 1 颗棋子。

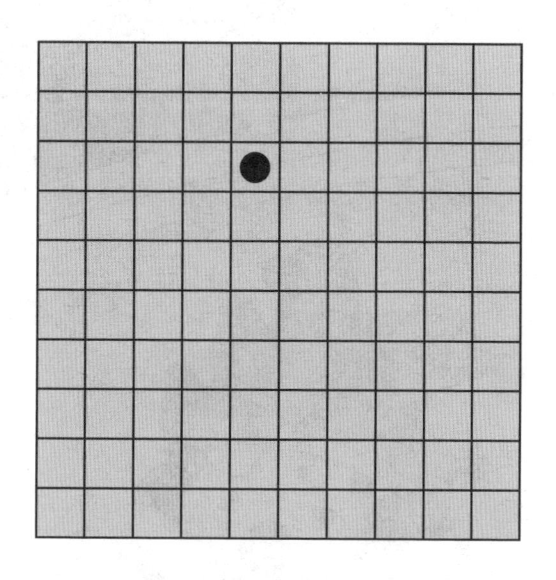

"这是什么意思？"精灵们议论纷纷。

谷雨看着棋盘，认真思考起来：方格、棋子……棋子为什么放在那个位置？会代表什么呢？

有了！谷雨脑中灵光一现，大声喊道："我知道了，这颗棋子的位置可以用一个数对表示，**数对就是秘密！**"

“报告女王，我身边的这位小木偶可以回答。”魔法小精灵响亮的声音让所有精灵都转过头看着他们。

精灵女王开口问道：“这位小木偶，你知道谜题的答案是什么吗？”

“尊敬的女王，我觉得大法师放棋子的位置可以用两个数来表示。”这次谷雨非但没有紧张，反而泰然自若地回答精灵女王的提问。

“好，详细说说吧。”精灵女王示意谷雨继续说。

“请看这个大棋盘，一般我们把**竖排叫作列**，把**横排叫作行**。”谷雨不慌不忙地说，“让我们来数一数。竖着从左往右数依次是第 1 列、第 2 列、第 3 列……一共是**10 列**。横着从下往上数依次是是第 1 行、第 2 行、第 3 行……一共是**10 行**。这样棋子的**位置**就可以用**数对**来表示。”

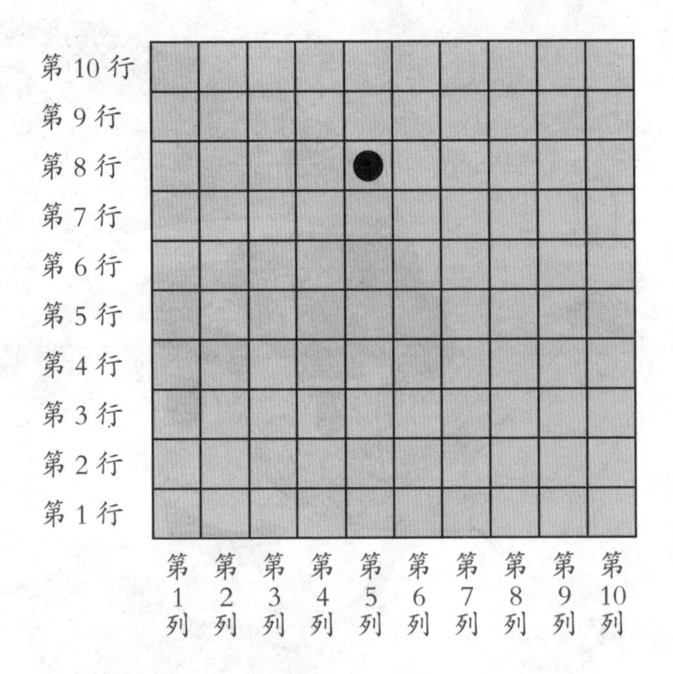

有的精灵看明白了，就大声喊道：“对着第 8 行和第 5 列，一定是指 8 号精灵和 5 号精灵。”说话的是一位高阶精灵。

“你们还有编号啊？”谷雨低声问。魔法小精灵说：“对啊，我们每个精灵一出生就有编号的。”

“那你的编号是多少？”谷雨很好奇。

“我的编号是 58。”魔法小精灵答道。

“这个排名很靠前，可你年纪也不大啊。”谷雨听了觉得很奇怪。魔法小精灵告诉他，自己出生时爷爷刚好去世不久，她便继承了爷爷的编号。原来，在精灵王国里，编号是可以继承的。

就在这时，一小团火焰在刚才抢着说出答案的那位高阶精灵的头顶燃起，把他的头发烧焦了一小块。这显然表示他答错了。精灵女王笑着说：“我们已经确认过了，这并不是指 8 号精灵和 5 号精灵。因为他们早已去世，也没有人继承这两个号码，目前这两个号码是空号。”

一位低阶精灵咋咋呼呼地说：“那会不会是 85 号呢？”

这下更不得了了，她刚说完就被丢到了一架过山车上，过山车呜呜地飞速转了好几个来回，大家的耳边充斥着她的叫声。很明显，她的答案也不正确。但她很不服气，刚从过山车上被放下来，就又头晕眼花地说：“这不就是 85 号吗？”话音刚落，她又被送上了过山车。

经纬度定位

经纬度是经度与纬度组成的坐标系统，能够标示地球上的任何一个位置。在地球仪上，我们可以通过具体的经纬度来确定位置，如北京市区中心点的大致经纬度是东经116.30°，北纬39.90°，记作（116.30° E，39.90° N）。

在地球仪上，经线指示南北方向，在同一条经线上的各点都是正南或正北方向的关系；纬线指示东西方向，在同一条纬线上的各点都是正东或正西方向的关系。

谷雨有些同情地看了她一眼，接着说："确定位置时，需要**先确定列，再确定行**，现在这一点对应的棋盘上的位置是**第 5 列第 8 行**，简写就是（5，8），所以我猜是 58 号。"

说完，谷雨紧张地拉着魔法小精灵的手，要知道他最害怕坐过山车了。

可是，他并没有等到被送往过山车，而是天空中撒下了一堆五颜六色的糖果。而且棋盘的第 5 列第 8 行突然发出"啪啪"的声响，随后彩色的礼花喷射而出，仿佛在夸奖他的智慧。

"哇，好多糖果！"小精灵们都开心地去捡糖果，精灵王国很久没有这么热闹了。

"看来，这个答案是正确的。"精灵女王高兴地说道，紧接着，她又向大家宣布，"58 号精灵将成为我的继承者！"

"啊？"魔法小精灵和小松鼠都惊呆了。谷雨这才反应过来，望向自己的好朋友魔法小精灵："58 号，不就是你吗？"

"这可太意外了！我只是一个幼小的低阶精灵，怎么能当女王呢？"魔法小精灵害怕地向后躲去，眼神里全是不可置信。

谷雨开心地拍拍她的肩膀，笑着说："我相信你可以的，你的魔法一定会越来越强大。"

在一片掌声中，精灵女王发话了："好了，聪明的小木偶，你有什么心愿？我来帮你完成。"要知道精灵女王的魔法可是全精灵王国最强大的。

谷雨左右看看，发现四周都是羡慕和期待的目光，他挠挠头说："尊敬的精灵女王，其实我不是精灵，我来自人类世界。"

“没有关系，在我们精灵王国，无论你来自何方，都是我的子民。”精灵女王说，“既然你帮我破解了难题，我就一定满足你的三个愿望。”

“谢谢您，那我就不客气啦！我的**第一个愿望**是，希望我的好朋友魔法小精灵可以拥有高阶魔法，变得强大起来。”谷雨指了指身边的魔法小精灵。

“这很简单。”说着，精灵女王伸出右手，眨眼之间一个浅绿色的瓶子出现在她的手中，“这是用我们精灵王国最神奇的南锦草做成的魔药。她只要喝下去，就可以增加 50 年的魔法力量。”

魔法小精灵感激地接过瓶子，小心地喝下去。一眨眼的工夫，她的身体就发生了变化，不仅个头儿变大了，身边还围绕着淡淡的紫色光芒。

精灵女王对魔法小精灵说:“现在你已经是强大的高阶精灵了，你今后将在王宫里修炼，为继承精灵女王之位做准备。”

现场响起一片热烈的掌声，仿佛在拥戴着他们未来的女王。魔法小精灵激动地和谷雨紧紧地抱在了一起。她真的太感动了！

精灵女王又对谷雨说:“说说你的其他愿望吧。”

“我的**第二个愿望**是，希望精灵王国永远没有黑暗，精灵王国的精灵们永远幸福平安。**第三个愿望**是我希望能尽快回到人类世界，而且能学好数学，当然我还要带走这只可爱的小松鼠。”谷雨一气儿说出了剩下的两个愿望。

“我会加持精灵王国的守护魔法，让这里永远是快乐幸福的王国，没有黑暗、贫穷和斗争，只有光明、勤劳与合作。”精灵女王笑着说，“不过学好数学还是要靠你自己，我相信你已经找到**学好数学的秘诀**了。至于回人类世界嘛，这很简单。”说着，精灵女王召唤来了一个魔法热气球，这就是谷雨返回人类世界的交通工具。

唉，离别的时刻要来了，还真让人有些依依不舍呢！

数学小博士

嘿，你也是第一次听说“数对”吧。数对是一个表示位置的概念，前一个数表示列，后一个数表示行。在精灵女王的棋盘上，棋子的位置用（5，8）来表示，隐藏着58号的秘密。

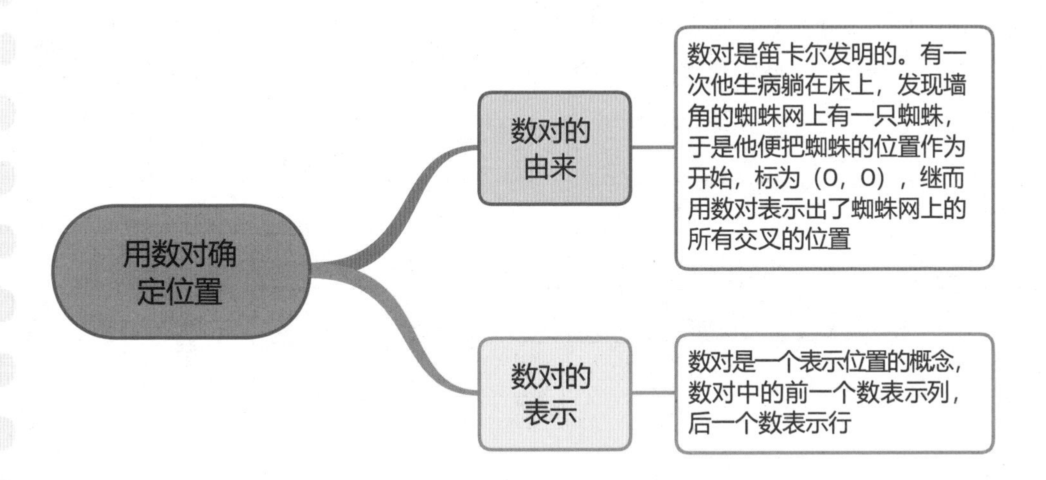

在人类世界时，谷雨积累了一定的生活经验，了解了“数对”的相关知识，才会在精灵狂欢节中解答出精灵女王的难题，从而实现了三个愿望。

解数学题目需要积累一定的生活经验，你可以通过影视、图书、游戏等多种途径汲取经验，学会在课内外的实践活动中智慧地思考，不断提高自己的逻辑思维能力。

你能从精灵方阵中找到精灵王国的公主吗？她的位置既可以用数对（x，4）表示，也可以用数对（6，y）表示。聪明的你赶紧来找一找吧！

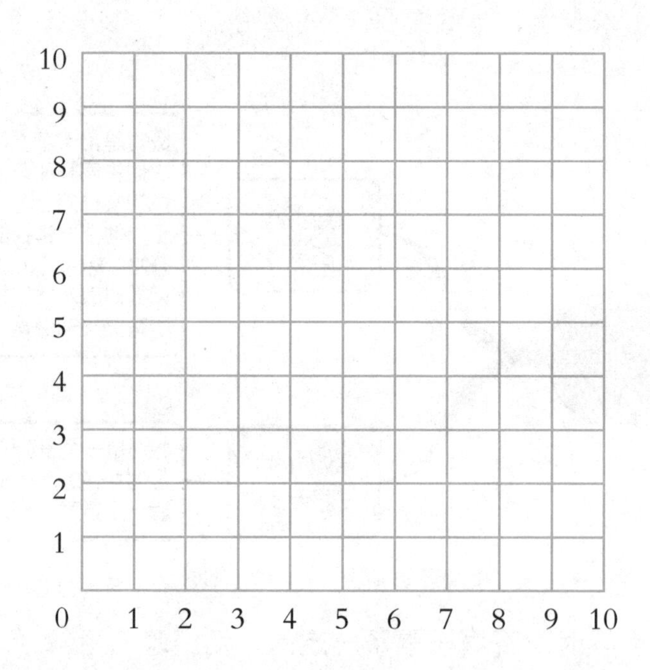

数对(x,4)表示第x列第4行，字母“x”可以表示任何数，所以方阵图中的红色横线表示的第4行都有可能是公主的位置。同样，数对（6，y）表示第6列第y行，字母“y”可以表示任

何数，所以方阵图中的绿色竖线表示的第6列也都有可能是公主的位置。

那么，这两条线的交叉点，也就是数对（6，4）就表示了精灵公主所在的准确位置。

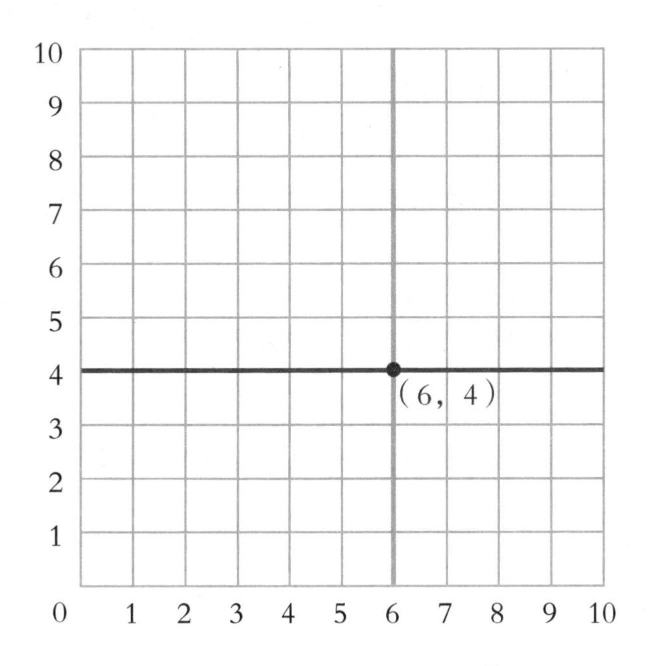

你的智慧就像聚光灯，照出了公主的位置。也许，精灵公主也可以实现你的愿望哦！快大声说出你的愿望吧！

第十章

谷雨的变化

——小数的除法

随着女王念出魔法咒语，半空中出现了一个大大的热气球。谷雨和好朋友魔法小精灵依依不舍地告别后，带着小松鼠坐了上去。

热气球不断上升，逐渐远去，渐渐成为一个圆点，最后消失不见了。

“谷雨的第三个愿望也实现了。”魔法小精灵久久地望着热气球消失的方向，不愿离去。

谷雨坐在热气球上，又伤心又高兴，伤心的是可能以后再也见不到魔法小精灵了，高兴的是马上就要见到爸爸妈妈和妹妹了。“喂，小松鼠，你以前坐过热气球吗？”谷雨转头看着小松鼠。

“吱吱吱——”小松鼠这次没有说话，只是发出了“吱吱”的叫声。

“喂，你怎么不说话了？”谷雨推了推小松鼠。

“吱吱吱——”小松鼠眨了眨眼睛，摇了摇尾巴，还是没说话。谷雨明白了，在人类世界，松鼠是不会说话的。

“热气球飞得好慢呀，什么时候才能到家呢？”谷雨小声嘟囔了一句。没想到，他的话音刚落，热气球就突然加速，进入了一个黑乎乎的隧道。

谷雨被一股强大的气流卷入一个旋涡，随着旋涡不停地转啊转啊，越转越快，越转越远。他拼命想挣脱旋涡，使劲儿挥动着双手，挣扎得浑身酸痛，可还是不能逃脱。

转着转着，他的意识也渐渐模糊起来。

“不……不要！”在自己的喊叫声中，谷雨一下子清醒了。他努力睁开眼睛想看看被卷到了什么地方，却发现自己正趴在书桌上。这不就是自己的家吗？

“嘿！我们回来了，小松鼠，我回家了！”谷雨激动地寻找小松鼠，但小松鼠不见了。

谷雨又低头看了看自己，身上的蓝色衣服也不见了，一切好像又回到了最初的样子。难道刚刚只是做了一个梦，而自己，还是那个最害怕数学的谷雨吗？就在谷雨一头雾水的时候，随着一阵脚步声和开门声，爸爸妈妈和妹妹小雪都回来了。

“在那儿傻坐着想什么呢？作业都完成了吗？”看到谷雨呆坐在椅子上愣神儿，爸爸眉头一皱。

“哎呀，不好意思，我刚刚睡着了，马上就做。”被爸爸这么一提醒，谷雨急忙拿起笔，把目光落在数学练习册上，准备写作业。

唉，今天有点儿奇怪！谷雨被自己着急的样子吓了一跳。要知道以前他从来没有因为数学作业没有完成而着急，每一次都是拖拖拉拉到很晚才写完。今天到底是怎么回事？

“呼——”谷雨深深地呼了一口气。

大张老师布置的作业是完成数学练习册里的一个“小数除法自主学习单”。谷雨看着这张学习单，觉得自己可以试一试。大张老师不是说过吗，“**数学知识总是相互联系的，多想想，或许就可以解决问题**”。

看着学习单，谷雨觉得思路从来没有这么清晰过，好像数学突然变得没那么难了。学习单上有一道题，是计算商品的单价。谷雨认真地思考起来。这次，他可是完全独立思考的哦！

【自主学习】

列竖式算一算每种商品的单价。

品种	单价 /（元 / 千克）	数量 / 千克	总价 / 元
苹果		3	9.6
香蕉		5	12
橘子		6	5.7
鸡蛋		4.2	7.98

根据题目给出的条件可知，**第一格苹果的单价**应该用 9.6÷3 来计算。关于计算价格的问题，谷雨是有经验的。他想可以把 9.6 元看成 96 角，96 角除以 3 是 32 角，32 角就是 3.2 元。

另外，谷雨还想到了用**竖式计算。他仿照整数除法的步骤，从被除数的最高位开始，一位一位往下除。**因为 9.6 是一个小数，表示 9 个 1 和 6 个十分之一，除以 3 后就得到 3 个 1 和 2 个十分之一，就是 3.2。所以商的小数点和被除数的小数点对齐，2 要写在十分位上，表示 2 个十分之一。

“你今天怎么这么乖！平时不是一让你写数学作业就头疼，找各种借口拖延吗？”爸爸也发现今天的谷雨跟平时有些不同。

“嗯，我在做大张老师布置的自主学习的作业。”谷雨头都没抬。

“这些你都会吗？要不要爸爸提示你一下？”爸爸探头一看，问道。

“我先自己试一试吧。”谷雨依然专注在题目上。

“你确定可以？”不知道什么时候妹妹小雪也蹭了过来，正在旁边看谷雨做题。

“其实数学也没那么难，我稍微努努力就能学会啦！”谷雨随口回道。

爸爸听了一脸惊讶，向谷雨竖了个大拇指，转身走出了书房。

谷雨扭头看了一眼小雪，龇牙笑了一下，又转头继续完成学习单。

第二格香蕉的单价要用 12÷5 来计算。这道题看上去像是整数除法，但 12 除以 5 商 2 后还余 2，所以商不是整数。在余数 2 后面添一个 0，表示 20 个十分之一，20 个十分之一除以 5 是 4 个十分之一，所以商是 2.4。

```
     2.4
   ┌────
  5│12.0
    10
   ────
     20
     20
   ────
      0
```

第三格橘子的单价要用 5.7÷6 来计算。谷雨估计了一下，橘子的单价不满 1 元，所以商的个位上应该写 0，接着往下除，得出的结果是 0.95 元。

“哈哈，认真思考一下也不难嘛！”谷雨伸了一个懒腰，得意极了。

“哥哥，你的数学作业还没做完吗？”小雪又蹭了过来，“要不要我来偷偷帮助你？”小雪说完挤了挤眼睛。说来有点儿不好意思，有的时候谷雨做数学作业，还要聪明的妹妹偷偷帮助他呢。但这一次他拒绝了妹妹，自信地说：“不用啦，我自己可以。”

“哦，我不是在做梦吧？”小雪露出惊讶的表情，她觉得今天面对数学题的哥哥好像变了个人似的，“那我不打扰你了。”

小雪刚走，谷雨就开始继续思考下面一道题。**第四格鸡蛋的单价**要用 7.98÷4.2 来计算，这道题的除数是小数，有没有办法变成和前面一样的题型呢？

对了，可以用商不变的规律，把除数乘 10 变成 42，要使商不

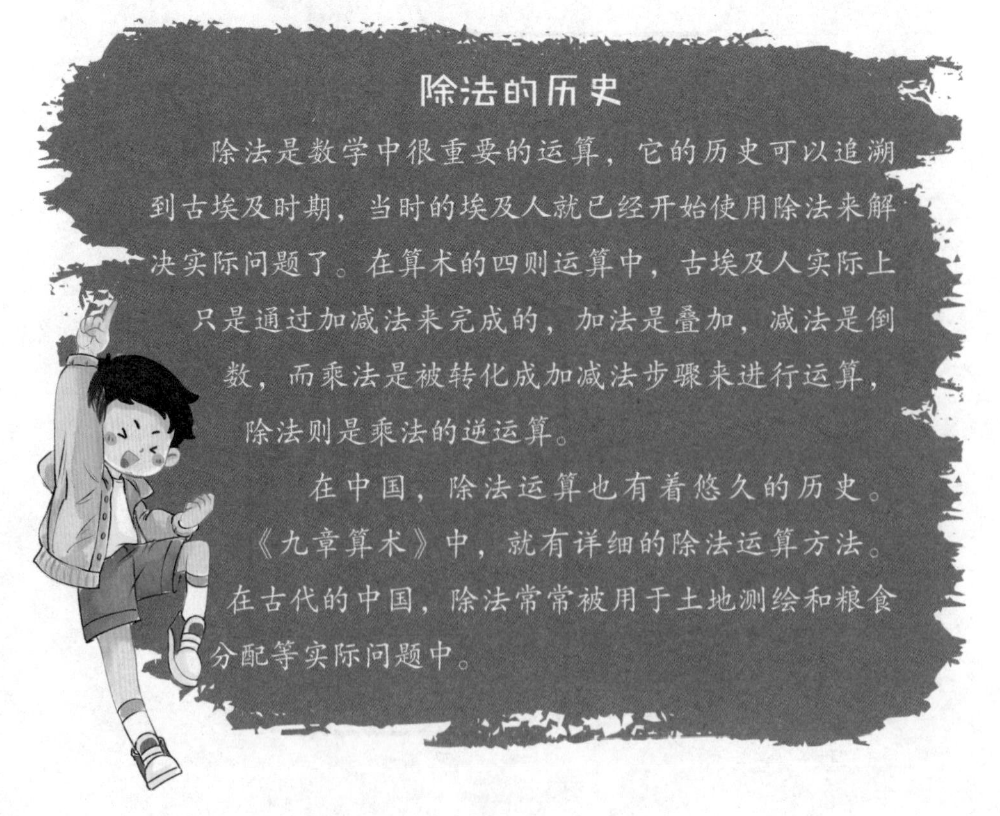

除法的历史

除法是数学中很重要的运算，它的历史可以追溯到古埃及时期，当时的埃及人就已经开始使用除法来解决实际问题了。在算术的四则运算中，古埃及人实际上只是通过加减法来完成的，加法是叠加，减法是倒数，而乘法是被转化成加减法步骤来进行运算，除法则是乘法的逆运算。

在中国，除法运算也有着悠久的历史。《九章算术》中，就有详细的除法运算方法。在古代的中国，除法常常被用于土地测绘和粮食分配等实际问题中。

变，被除数也要乘 10 变成 79.8，这样就可以计算啦，所以鸡蛋的单价是 1.9 元。

```
        1.9
    ┌──────
4.2 ) 79.8
      42
    ──────
      378
      378
    ──────
        0
```

一份学习单就这样在谷雨的**认真思考、细心计算**中完成啦！看着这份数学作业，谷雨很开心。

明天收作业时，数学课代表白露会是什么表情呢？看到自己的作业，大张老师又会是怎样的反应呢？谷雨想象着明天也许会发生的一切……

而书房外，爸爸、妈妈还有小雪还在好奇地议论着，议论着变得不一样的谷雨。

星期一是一个很普通的日子，不过对谷雨来说有点儿不一样，他的心里有一种新的期待。

第二节课的上课铃响了，大张老师像往常一样，迈着轻快的步伐走进教室。他习惯性地打开记录本，通报星期天的作业情况："现在通报星期天的作业情况。白露 5 星级，秋分 5 星级……**谷雨 5 星级**。"随着大张老师宣读完毕，同学们都发出了惊叹声。他们不约而同地将

目光投向谷雨，眼神仿佛在说："谷雨的进步也太神速了吧！"

是啊，谁能想到谷雨忽然之间会有这样大的变化呢。这一切是怎样发生的呢？谷雨的脑海中出现了魔法小精灵，以及在精灵王国发生的点点滴滴。他确信，这一定不是梦！

魔法小精灵，谢谢你！谷雨悄悄在心里说。

数学小博士

你一定知道谷雨为什么会有这样大的变化，当然是因为他遇到了传说中的魔法小精灵！这趟精灵王国的旅行，让谷雨学会了独立思考与自主探究。

在计算除数是小数的除法时，可以根据商不变的规律，把除数扩大相应的倍数变成整数，这时被除数也扩大相同的倍数，然后按照整数除法的法则进行计算。除到哪一位，商就要写在哪一位的上面。

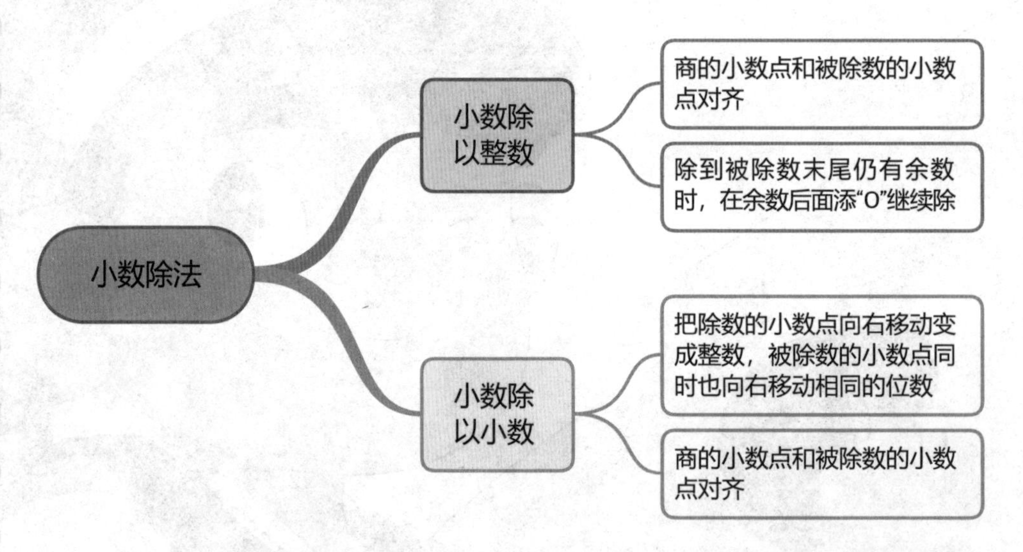

谷雨在精灵王国的经历磨炼了他的意志，启迪了他的智慧，让他慢慢向着成为“数学小天才”的梦想一步一步前进。那么，读完了谷雨在精灵王国的精彩故事，你有没有收获呢？

谷雨的变化让所有的人都很吃惊，大张老师也不例外。大张老师在谷雨的学习单上写下了自己的期待："祝贺你找到了学习数学的好方法。能够独立完成学习单，说明你已经是一位'数学小能手'了！再完成下一个挑战，你就可以成为大张老师眼中的'数学小天才'啦！"

妈妈在超市买 1.5 千克糖果，用了 8 元。

挑战 1：用 1 元能买多少千克糖果？

挑战 2：买 1 千克糖果需要多少元？（结果保留两位小数）

这两个挑战看上去并不简单，谷雨能完成吗？他会不会成为真正的"数学小天才"呢？请你和谷雨一起来挑战吧！

挑战 1：

1.5 ÷ 8=0.1875（千克）

```
     0.1875
8 ) 1.5
     8
    ———
     70
     64
    ———
      60
      56
     ———
       40
       40
      ———
        0
```

答：1 元能买 0.1875 千克糖果。

挑战 2：

8 ÷ 1.5 ≈ 5.33（元）

```
       5.333
1.5 ) 80
      75
     ———
       50
       45
      ———
        50
        45
       ———
         50
         45
        ———
          5
```

答：1 千克糖果大约 5.33 元。